Wissenschaftliche Taschenbücher

WTB

Texte und Studien

S. Sakata · M. Taketani

Philosophische und methodologische Probleme der Physik

Akademie-Verlag · Berlin

WTB Wissenschaftliche Taschenbücher

Eine Auswahl lieferbarer Bände:

Heinrich Arnold
Physikalische Chemie der Halbleiter

Joachim Auth / Dietmar Genzow
Klaus H. Herrmann
Photoelektrische Erscheinungen

Hans Bandemer
Andreas Bellmann
Wolfhart Jung / Klaus Richter
Optimale Versuchsplanung

Frank Beichelt
Prophylaktische Erneuerung von Systemen

Joachim Bellach / Peter Franken
Elke Warmuth / Walter Warmuth
Maß, Integral und bedingter Erwartungswert

Wolfram Brauer
Hans-Waldemar Streitwolf
Theoretische Grundlagen der Halbleiterphysik

Siegfried Brehmer
Einführung in die Maßtheorie

Siegfried Brehmer
Hilbert-Räume und Spektralmaße

John Cunningham
Vektoren

Georg Dautcourt
Relativistische Astrophysik

K. Ch. Delokarov
Relativitätstheorie und Materialismus

Hannelore Fischer
Joachim Piehler
Modellsysteme der Operationsforschung

Gottfried Fritzsche
Grundlagen und Entwurf passiver Analogzweipole
Netzwerke I
Entwurf passiver Analogvierpole
Netzwerke II
Entwurf aktiver Analogsysteme
Netzwerke III
Zeitdiskrete und digitale Systeme
Netzwerke IV

Herbert Goering
Asymptotische Methoden zur Lösung von Differentialgleichungen

Herbert Goering
Elementare Methoden zur Lösung von Differentialgleichungsproblemen

Eduard Herlt / Nikolaus Salié
Spezielle Relativitätstheorie

Helmut Hess
Der elektrische Durchschlag in Gasen

V. I. Karpman
Nichtlineare Wellen in dispersiven Medien

A. R. Kessel
Akustische Kernresonanz

Dieter Kress
Theoretische Grundlagen der Signal- und Informationsübertragung

Karl Lanius
Physik der Elementarteilchen

Dieter Leuschner
Grundbegriffe der Thermodynamik

W. S. Letochow
Laserspektroskopie

Dierck-Ekkehard Liebscher
Relativitätstheorie mit Zirkel und Lineal

Wolfgang Meiling
Digitalrechner in der elektronischen Meßtechnik
Teil 1: Meßmethodik
Teil 2: Gerätetechnik und Anwendungen

Dieter Michel
Grundlagen und Methoden der Kernmagnetischen Resonanz

L. I. Miroschnitschenko
Kosmische Strahlung im interplanetaren Raum

Volker Nollau
Semi-Markovsche Prozesse

Peter Paufler
Phasendiagramme

Ulrich Röseberg
Quantenmechanik und Philosophie

Albrecht Rost
Messung dielektrischer Stoffeigenschaften

J. V. Sačkov
Wahrscheinlichkeit und Struktur

E. M. Sawizki
Perspektiven der Metallforschung

Wolfgang Schäfer
Theoretische Grundlagen der Stabilität technischer Systeme

Ernst Schmutzer
Symmetrien und Erhaltungssätze der Physik

Volkmar Schuricht
Kernexplosionen für friedliche Zwecke

Hubertus Stolz
Supraleitung

Werner Stolz
Reinhold Bernhardt
Dosimetrie ionisierender Strahlung

Festkörperphysik
Entwicklungstendenzen und Anwendungsmöglichkeiten

Die Schöpfer der physikalischen Optik
Eine Artikelsammlung

Hans-Georg Schöpf
Von Kirchhoff bis Planck

Horst Melcher
Albert Einstein wider Vorurteile und Denkgewohnheiten

Renate Wahsner
Mensch und Kosmos
Die copernicanische Wende

Helmut Friemel / Josef Brock
Grundlagen der Immunologie

Eberhard Hofmann
Funktionelle Biochemie des Menschen
Band 1 und 2

Lothar Jäger
Grundlagen der Klinischen Immunologie

Karlheinz Lohs
Dieter Martinetz
Entgiftung
Mittel, Methoden und Probleme

Joachim Nitschmann
Entwicklung bei Mensch und Tier

Stephan Schnitzler
Pharmakologische Aspekte von Immunreaktionen

DIETER SPAAR
HELMUT KLEINHEMPEL
HANS JOACHIM MÜLLER
KLAUS NAUMANN
Bakteriosen der Kulturpflanzen

EBERHARD TEUSCHER
Pharmakognosie
Teil I–III

MICHAEL THEILE
SIEGFRIED SCHERNECK
Zellgenetik

HEINRICH BREMER
KLAUS-PETER WENDLANDT
Heterogene Katalyse

WERNER DÖPKE
Dynamische Aspekte der Stereochemie organischer Verbindungen

GERHARD GEISELER / HEINZ SEIDEL
Die Wasserstoffbrückenbindung

FALKO H. HERRMANN
MARTINA CH. HERRMANN
Das Hämoglobin des Menschen

HANS LUPPA
Grundlagen der Histochemie
Teil I und II

HASSO MEINERT
Fluorchemie

DIETER ONKEN
Antibiotika – Chemie und Anwendung

Vorschau auf die nächsten Bände:

KLAUS DITTRICH
Atomabsorptionsspektroskopie

CHRISTIAN EDELMANN
Druckmessung und Druckerzeugung

DETLEF GRÖGER / SIEGFRIED JOHNE
Mikrobielle Gewinnung von Arzneistoffen

NINA HAGER
Modelle in der Physik

KLAUS-DIETER JENTZSCH
Regulation des Wachstums und der Zellvermehrung

HANS NEUMANN / KLAUS SCHÄFER
Elektrische und elektronische Meßtechnik

ROBERT ROMPE
HANS-JÜRGEN TREDER
Über die Einheit der exakten Wissenschaften

ERNST SCHMITZ
Organische Zwischenprodukte

WOLFGANG WAGNER
Chemische Thermodynamik

WTB

BAND 221

Shoichi Sakata
Mituo Taketani

Philosophische und methodologische Probleme der Physik

AKADEMIE-VERLAG · BERLIN

Reihe TEXTE UND STUDIEN

Verantwortliche Herausgeber dieses Bandes:

Prof. Dr. sc. phil. Dieter Müller
Technische Universität Dresden, Sektion Marxismus-Leninismus

Prof. Dr. sc. nat. Roland Reif
Technische Universität Dresden, Sektion Physik

Übersetzung aus dem Englischen:

Dr. sc. nat. Winfried Blau
Technische Universität Dresden, Sektion Physik

Titel der Originalausgabe:

S. Sakata, M. Taketani
Philosophical and Methodological Problems in Physics,
Supplement of the Progress of Theoretical Physics,
Number 50, 1971.
Editor: *H. Yukawa*, Kyoto, Japan.
Deutschsprachige Veröffentlichung in Auswahl.

1982
Erschienen im Akademie-Verlag,
DDR-1080 Berlin, Leipziger Straße 3—4
Lektor: Renate Trautmann

Lizenznummer: 202 · 100/423/82
Herstellung: VEB Druckhaus „Maxim Gorki", 7400 Altenburg
Bestellnummer: 762 424 0 (7221) · LSV 0154
Printed in GDR
DDR 12,50 M
ISSN 0138-127X

Inhaltsverzeichnis

Vorwort der Herausgeber

Die japanische Zeitschrift „Progress of Theoretical Physics" veröffentlichte im Jahre 1971 als Ergänzungsband No. 50 eine Sammlung von Aufsätzen der Physiker SOICHI SAKATA und MITUO TAKETANI zu philosophischen und methodologischen Problemen der Physik. Die überwiegende Mehrzahl dieser Arbeiten — ursprünglich in japanischer Sprache publiziert — wurde damit erstmals einem breiteren internationalen Leserkreis zugängig.

Beide Autoren haben maßgeblichen Anteil an der Entwicklung der theoretischen Physik in Japan. In den dreißiger Jahren gehörten sie zu den engsten Mitarbeitern von H. YUKAWA und schrieben mit ihm gemeinsam einige grundlegende Arbeiten zur Mesonentheorie der Kernkräfte. Später lieferten sie zahlreiche Beiträge zur Atomkern- und Elementarteilchenphysik, wobei vor allem das SAKATA-Modell der Elementarteilchen zu nennen ist, mit dem ein entscheidender Schritt zum heutigen Quark-Modell vollzogen wurde.

Die im genannten Sammelband enthaltenen philosophischen und methodologischen Arbeiten entstanden in einem Zeitraum, der mehr als drei Jahrzehnte (1936 bis 1969) umfaßt. Sie wenden sich in ihrer Mehrzahl nicht unmittelbar an Physiker oder Philosophen, sondern sind für einen breiteren Leserkreis bestimmt. Die Erstveröffentlichung erfolgte deshalb zumeist als populärwissenschaftlicher Vortrag auf öffentlichen Foren, im Rundfunk oder als Artikel in kulturpolitischen und literarischen Zeitschriften. Der besondere Wert dieser Arbeiten für den an philosophischen Fragen der Naturwissenschaft interessierten Leser besteht in dem lebendigen Zusammenhang mit den in jenen Jahren jeweils aktuellen weltanschaulichen und erkenntnistheoretisch-methodologischen Problemen der physikalischen Grundlagenforschung, vor allem aber in dem entschiedenen Engagement von S. SAKATA und M. TAKETANI für die materialistische Dialektik. Sie greifen die jeweils aktuellen Fragen der Diskussion in der marxistisch-leninistischen Theorie auf und vertreten ihren Standpunkt in streitbarer Auseinandersetzung mit anderen philosophischen Auffassungen. In vielen Arbeiten kommt dabei deutlich das propagandistische Anliegen im Sinne einer wissenschaftlichen Weltanschauung zum Ausdruck.

Schon hierin besteht eines der unverlierbaren Verdienste von S. SAKATA und M. TAKETANI. Sie sind in die Reihe jener Wissenschaftler aus kapitalistischen Ländern einzuordnen, die wie LANGEVIN, BERNAL, HALDANE, JOLIOT-CURIE bereits in der Zeit vor dem zweiten Weltkrieg die Bedeutung der materialistischen Dialektik für die Entwicklung der Naturwissenschaft erkannten. Der dialektische Materialismus ist die „einzig richtige Methode und einzig richtige Philosophie der Naturwissenschaft" (LENIN). Die gesamte Entwicklung der Naturwissenschaft, darunter nicht zuletzt der Physik, drängt mit Notwendigkeit dahin, daß die Naturwissenschaftler den Übergang zur materialistischen Dialektik als der weltanschaulich-philosophischen und erkenntnistheoretisch-methodologischen Grundlage des theoretischen Denkens in ihrer Fachdisziplin vollziehen. Dieser Übergang erweist sich aber als ein äußerst komplizierter Prozeß, dessen Verlauf nicht allein durch innerwissenschaftliche Faktoren bestimmt ist, sondern mindestens in gleichem Maße durch die politisch-ideologischen Auseinandersetzungen unserer Epoche determiniert wird und in ihnen wirkt.

Die Grundlagen der materialistischen Naturdialektik wurden bereits in den Arbeiten von F. ENGELS (Antidühring, Dialektik der Natur) und W. I. LENIN (Materialismus und Empiriokritizismus, Philosophischer Nachlaß) entwickelt. Aber erst die Große Sozialistische Oktoberrevolution schuf die politischen, sozialen und kulturellen Bedingungen, die es einer stets wachsenden Zahl von Naturwissenschaftlern ermöglichten, sich mit dem wirklichen Inhalt der materialistischen Dialektik vertraut zu machen und sie auch auf die Erörterung der weltanschaulichen Probleme ihrer fachwissenschaftlichen Tätigkeit anzuwenden. Das betrifft natürlich vor allem die Entwicklung innerhalb der Sowjetunion. Eine knappe Darstellung der Geschichte und der Ergebnisse dieser Diskussion zu philosophischen Fragen der Naturwissenschaft ist u. a. zu finden in: K. Ch. Delokarov, Relativitätstheorie und Materialismus, Wissenschaftliche Taschenbücher, Bd. 189, Akademie-Verlag, Berlin 1977. Die Oktoberrevolution übte großen Einfluß auf das politische und geistig-kulturelle Leben in anderen Ländern aus. Unter ihrem Einfluß kam es zur Gründung kommunistischer Parteien in vielen Ländern der Welt, u. a. auch in Japan. Damit verbunden war eine zunehmende Verbreitung des Gedankengutes des Marxismus-Leninismus. Deshalb finden wir in jener Zeit in den kapitalistischen Ländern Naturwissenschaftler, die sich dem dialektischen Materialismus zuwenden und sich zu ihm bekennen. Sie alle stehen auf der Seite der politisch-progressiven Kräfte und müssen ihre politische wie weltanschauliche Position, auch auf dem Gebiet der materialistischen Naturdialektik, gegen den in diesen Ländern politisch wie geistig herrschenden Antikommunismus behaupten.

Eben zu diesen Naturwissenschaftlern, die sich bereits in jenen früheren Jahren offen und parteilich zum dialektischen Materialismus bekennen und die sich dabei auch nicht den Repressalien der herrschenden Klasse beugen, gehören S. Sakata und M. Taketani. Die ersten beiden der hier in Übersetzung vorgelegten Schriften kennzeichnen die näheren Umstände, unter denen beide Wissenschaftler mit den Arbeiten der

Klassiker des Marxismus-Leninismus bekannt wurden, und verdeutlichen, wie diese Werke ihr persönliches Leben, ihr politisches und weltanschauliches Engagement wie auch ihre physikalischen Arbeiten beeinflußten.

Der Einfluß der materialistischen Dialektik, insbesondere des ENGELSschen Werkes „Dialektik der Natur", auf das physikalische Schaffen von S. SAKATA und M. TAKETANI verdient eine besondere Darstellung.

Wie M. TAKETANI im Nachwort zu dieser deutschsprachigen Ausgabe hervorhebt, waren beide japanischen Wissenschaftler in ihren jungen Jahren von den führenden Zentren physikalisch-theoretischer Forschung und von den profilierten Vertretern dieser Disziplin, die durchweg in Europa wirkten, weitgehend isoliert. Gerade diese Situation bewegte sie, nach neuen Denkansätzen zu suchen, um den Weg zur vordersten Front physikalischer Forschung zu beschreiten; und sie fanden diese Denkansätze in F. ENGELS' „Dialektik der Natur". In der Geschichte der Kernphysik ist das plötzliche Auftreten der Schule um YUKAWA und die von ihm vertretene Theorie der Kernkräfte, die hypothetisch die Existenz eines neuen Teilchens (π-Meson) einführte, tatsächlich nicht aus den Traditionen des im Positivismus befangenen Denkens der bestimmenden physikalischen Schulen zu erklären. Es liegt ein neuer methodologischer Ansatz vor, der seinen Ausgangspunkt in der materialistischen Dialektik genommen hat. In den hier publizierten Schriften verweisen S. SAKATA und M. TAKETANI wiederholt auf den großen Einfluß, den die Gedanken von F. ENGELS über den modernen Atomismus, seine dialektisch-materialistischen Auffassungen über die Struktur der Materie und über die Existenz verschiedener Strukturebenen in der Natur sowie LENINS Aussage über die Unerschöpflichkeit des Elektrons auf sie ausgeübt haben. Sicherlich wurde der Gedanke, zum Verständnis der Kernkräfte die Existenz eines neuen Teilchens einzuführen, auch durch die Fortschritte der Physik am Beginn der dreißiger Jahre nahegelegt. Jedoch stieß gerade diese Hypothese auf mehr oder weniger philosophisch begründete Vorbehalte in den traditionellen physikalischen Schulen Europas. Ganz gewiß war es die aus der materialistischen Dialektik resultierende weltanschauliche und methodologische Position, die YUKAWA und seine Mitarbeiter SAKATA und TAKETANI ermutigte, dieser Kritik standzuhalten und die Mesonentheorie der Kernkräfte weiter auszubauen. Das waren entscheidende Schritte zu einem neuen Gebiet physikalischer Forschung, zur Elementarteilchenphysik.

Besondere Erwähnung erfordert auch die von M. TAKETANI aufgestellte „Drei-Stadien-Theorie". Es handelt sich dabei um einen Versuch, die bei der Ausarbeitung der Mesonentheorie der Kernkräfte gewonnenen Erfahrungen auf der Grundlage der materialistischen Dialektik zu verallgemeinern und erkenntnistheoretisch-methodologische Konsequenzen für die Entwicklung physikalischer Theorien abzuleiten. Dieser Versuch verdient, daß er durch die marxistisch-leninistischen Philosophen zur Kenntnis genommen und ernsthaft diskutiert wird. Stehen wir doch gerade heute, nachdem der weltanschaulich-materialistische Gehalt der modernen naturwissenschaftlichen Erkenntnisse in der Polemik mit idealistischen Entstellungen im Prinzip erschlossen ist, vor allem vor der Aufgabe, die materialistische Dialektik als methodologische Grundlage der naturwissenschaftlichen Erkenntnis auszuarbeiten.

Nach M. TAKETANI durchläuft die Entwicklung der physikalischen Theorie, wenn sie in eine neue Strukturebene der Materie eindringt, drei Stadien: Das erste ist das phänomenologische Stadium, in dem die Erscheinungen zunächst so beschrieben werden, wie sie sich im Experiment zeigen. Dabei geschieht diese Beschreibung in den Begriffen der bisherigen Theorie. Es folgt das substantielle Stadium, bei dem sich die Erkenntnis von den traditionellen Vorstellungen löst und die für die neue Strukturebene relevanten „Substanzen" und ihre Wechselwirkungen ermittelt. Damit gelangt die theoretische Forschung zu einer neuen Ordnung der gewonnenen

Fakten. Neue Zusammenhänge werden sichtbar. Dadurch wird es schließlich im dritten Stadium, dem essentiellen, möglich, das allgemeine Gesetz der Erscheinungen theoretisch zu erfassen und zu begründen.

M. TAKETANI belegt seine Auffassung vom Entwicklungsgang der physikalischen Theorie durch interessante historische Betrachtungen, z. B. zur Entstehung der NEWTONschen Mechanik. Auf alle Fälle findet seine „Drei-Stadien-Theorie" eine reiche Bestätigung durch die moderne Physik. Eine unvollständige Substanzkenntnis führte hier oft dazu, grundlegende physikalische Prinzipien anzuzweifeln oder bewährte Konzeptionen voreilig in Frage zu stellen. Verschiedentlich wurden erst mit dem Nachweis einer neuen Substanz verwirrende Beobachtungen verständlich, wodurch gleichzeitig Voraussetzungen für die Ausarbeitung einer umfassenden Theorie der Erscheinung entstanden. Wir verweisen auf einige historische Beispiele.

In der Anfangszeit der Kernphysik ergaben sich unüberwindliche Schwierigkeiten, als man versuchte, die experimentellen Ergebnisse über Masse, Ladung und Spin der Atomkerne oder die empirischen Gesetze der radioaktiven Kernumwandlung mit der Vorstellung zu erklären, daß Atomkerne aus Protonen und Elektronen zusammengesetzt sind. Einige dieser Rätsel um den Aufbau der Atomkerne wurden aber schlagartig gelöst, als CHADWICK im Jahre 1932 das Neutron entdeckte und damit eine langjährige Hypothese RUTHERFORDS über dessen Existenz endgültig bestätigte. Rückblickend kann man feststellen, daß die Einführung des Neutrons als Elementarteilchen das Tor zur modernen Kernphysik aufstieß. (Wissenschaftshistorische Betrachtungen zur Geschichte der Entdeckung des Neutrons und ihrer wissenschaftlichen sowie weltanschaulichen Konsequenzen findet man in: „Das Neutron". Eine Artikelsammlung. Herausgegeben von B. M. KEDROW, Wissenschaftliche Taschenbücher, Bd. 214, Akademie-Verlag, Berlin 1979.)

Ein wichtiger Schritt bei der Suche nach dem Neutron

waren Experimente von JOLIOT und CURIE, in denen nachgewiesen wurde, daß die nach Beschuß mit α-Teilchen von Beryllium ausgehende BOTHE-BECKER-Strahlung aus wasserstoffhaltigen Stoffen energiereiche Protonen freisetzt. Bei der Erklärung des Effektes gingen JOLIOT und CURIE davon aus, daß die durchdringende BOTHE-BECKER-Strahlung elektromagnetischer Natur sei. Sie vermuteten, daß die Energieübertragung auf die Protonen durch einen COMPTON-Effekt erfolgt. Dann konnten sie aus der gemessenen Protonenenergie auf eine Photonenenergie von 35 bis 50 MeV schließen. Damit lag der experimentell abgeschätzte Wirkungsquerschnitt für diesen Prozeß aber um das Vierfache über dem Wert, der sich aus der KLEIN-NISHINA-Formel für die Streuung von Photonen an Protonen ergibt. JOLIOT und CURIE nahmen deshalb an, daß bei sehr hohen Photonenenergien eine neuartige Wechselwirkung auftritt, die in der Elektrodynamik noch unbekannt war und zur Abänderung der KLEIN-NISHINA-Formel führen müsse. In Wirklichkeit handelte es sich bei der BOTHE-BECKER-Strahlung aber um Neutronenstrahlen.

In der ersten Hälfte der zwanziger Jahre waren die im β-Zerfall beobachteten kontinuierlichen Elektronenspektren völlig unverständlich. Die unklare Situation verleitete N. BOHR zu Spekulationen über eine neue Quantentheorie, die die Nichterhaltung der Energie zuließ. Nachdem das Neutron bekannt war und PAULI das Neutrino eingeführt hatte, gelang es FERMI im Jahre 1934, eine befriedigende Theorie des β-Zerfalls aufzustellen, ohne die Quantentheorie abzuändern. — Die Einführung des π-Mesons durch YUKAWA begründete den mesonentheoretischen Zugang zur Erklärung der Kernkräfte. Es war ein Schritt, der die Theorie in der Folgezeit über die phänomenologische Bestimmung der Nukleon-Nukleon-Potentialparameter aus Streuexperimenten hinausführte. Der Einpionenaustausch erfaßt das Wesen der Prozesse, die die starke Wechselwirkung zweier Nukleonen bei großen Abständen bestimmen.

Ausdrücklich bezieht sich SAKATA auf die „Drei-Stadien-Theorie", wenn er das nach ihm benannte Modell der Elementarteilchen in seinem methodologischen Werdegang beschreibt. Das SAKATA-Modell war ein Versuch, die fundamentalen Teilchen zu finden, die in verschiedenen Kombinationen die beobachteten Hadronen einschließlich der π-Mesonen aufbauen. Es lieferte ein Klassifikationsschema sowohl für Mesonen als auch für Baryonen. Wenn das SAKATA-Modell in der ursprünglichen Form (als Bausteine wurden Proton, Neutron und Λ-Teilchen angenommen) auch nicht bestätigt wurde, bedeutete es als Vorstufe zur Quark-Hypothese doch einen wichtigen methodologischen Schritt in der Elementarteilchenphysik. Bisher wurden die Quarks als isolierte Teilchen nicht nachgewiesen. Trotzdem muß man anerkennen, daß ihre Einführung als fundamentale Bausteine, deren Wechselwirkung durch Gluonen vermittelt wird, in relativ kurzer Zeit zu einer revolutionierenden Änderung der Theorie der starken Wechselwirkung geführt hat. Vom Standpunkt der Quark-Hypothese aus erscheinen YUKAWAS Gleichungen für das π-Meson als eine phänomenologische Formulierung, die für Abstände, die kleiner als die Abmessungen der inneren Struktur der Hadronen sind, nicht mehr gilt. Damit werden auch die Schwierigkeiten der Mesonentheorie, die Nukleon-Nukleon-Wechselwirkung bei kleinen Abständen zu begreifen, verständlich.

Schließlich beruht auch der Versuch, eine einheitliche Beschreibung von schwachen und elektromagnetischen Wechselwirkungen zu formulieren, auf der Einführung von schweren Vektorbosonen W^+, W^- und $Z^{(0)}$. Ihr experimenteller Nachweis steht ebenfalls noch aus.

Sicherlich lassen sich noch viele weitere Beispiele aus der Geschichte der Physik finden, an denen die „Drei-Stadien-Theorie" TAKETANIS demonstriert werden kann. Vom erkenntnistheoretisch-methodologischen Standpunkt aus erscheint vor allem die Verwendung des Substanzbegriffes zur Charakterisierung einer bestimmten Phase der Theorienentwicklung in der Physik beachtenswert. Der Substanzbegriff wird bei M. TAKETANI in bewußter Distanzierung von der metaphysischen Substanzauffassung eingeführt. Sein Ausgangspunkt ist die Anerkennung der Tatsache, daß es in der Natur unterschiedliche Strukturniveaus und keine letzte unveränderliche Substanz gibt. Damit greift er einen Gedanken LENINS auf, der in „Materialismus und Empiriokritizismus" schreibt: „Das ‚Wesen' der Dinge oder die ‚Substanz' sind *ebenfalls* relativ; sie bringen nur die Vertiefung der menschlichen Erkenntnis der Objekte zum Ausdruck, und wenn gestern diese Vertiefung nicht weiter als bis zum Atom reichte, heute nicht weiter als bis zum Elektron und Äther reicht, so beharrt der dialektische Materialismus auf dem zeitweiligen, relativen, annähernden Charakter aller dieser *Marksteine* in der Erkenntnis der Natur durch die fortschreitende Wissenschaft des Menschen" (LENIN, Werke, Bd. 14, S. 262).

Um den Substanzbegriff dialektisch-materialistisch zu erfassen, bezieht sich M. TAKETANI auf HEGEL, MARX und LENIN. So untersucht er z. B. die Verwendung des Substanzbegriffes bei MARX, wenn dieser im „Kapital" von der Arbeit als der Wertsubstanz spricht. Es sei dem Leser anheimgestellt zu beurteilen, inwieweit es M. TAKETANI bereits gelingt, den Zusammenhang der Kategorien Wesen und Substanz zu erfassen. CH. IWASAKI, der in seinem Bericht über die Diskussion zur materialistischen Dialektik in Japan die bedeutende Rolle von S. SAKATA und M. TAKETANI bei der Verteidigung der dialektisch-materialistischen Position im Kampf gegen Positivismus und Agnostizismus unterstreicht, meint in diesem Zusammenhang, es gelinge TAKETANI „nicht in genügendem Maße, die Bestimmung der Kategorie der Substanz z. B. von der des Wesens klar zu unterscheiden" (DZfPhil 27 (1979), Heft 3, S. 360). Festzuhalten ist aber unbedingt, daß M. TAKETANI mit seiner „Drei-Stadien-Theorie" den Versuch unternimmt, die Substanz als „eine wesentliche Stufe im

Entwicklungsprozeß der *menschlichen Erkenntnis* der Natur und der Materie“ darzustellen (LENIN, Konspekt zu HEGELS „Wissenschaft der Logik“, Werke, Bd. 38, S. 149). An gleicher Stelle unterstreicht LENIN: „Einerseits muß die Erkenntnis der Materie bis zur Erkenntnis (zum Begriff) der Substanz vertieft werden, um die Ursachen der Erscheinungen zu finden. Andererseits ist die wirkliche Erkenntnis der Ursache die Vertiefung der Erkenntnis von der Äußerlichkeit der Erscheinungen zur Substanz. Zweierlei Beispiele sollten das klarmachen: 1) aus der Geschichte der Naturwissenschaft und 2) aus der Geschichte der Philosophie. Genauer: Nicht ‚Beispiele‘ sollen das sein — comparaison n'est pas raison —, sondern die Quintessenz der einen wie der anderen Geschichte + der Geschichte der Technik.“

Aus allen diesen Gründen möchten wir der Hoffnung Ausdruck geben, daß dieser Sammelband nicht nur auf wissenschaftshistorisches Interesse stößt, sondern auch zugleich als ein Beitrag zur gegenwärtigen Diskussion über die Beziehungen zwischen Naturwissenschaft und materialistischer Dialektik aufgenommen wird.

Der Band enthält lediglich eine Auswahl der in Prog. Theor. Phys. Suppl. No. **50** (1971) zusammengefaßten Aufsätze. Das vollständige Inhaltsverzeichnis des englischsprachigen Originals ist als Anhang abgedruckt. Die deutsche Ausgabe wird durch ein Nachwort von M. TAKETANI ergänzt, der uns auch bei der Zusammenstellung der Texte beriet. Für diese Unterstützung sind wir ihm zu großem Dank verpflichtet. Unser Dank gilt auch M. NAGASAKI, Rikkyo Universität Tokio, für ergänzende Anmerkungen (mit M. N. gekennzeichnet) und M. KONUMA, Research Institute for Fundamental Physics, Kyoto Universität, für erweiterte Literaturangaben. An verschiedenen Stellen verweisen wir auf modernere oder ergänzende Darstellungen in leicht zugänglicher Literatur. Eine zusammenfassende Abhandlung zu philosophischen Fragen der Quantenmechanik, die in den vorliegenden Artikeln diskutiert werden (z. B. Kopenhagener Deutung, verborgene Parameter, Verhältnis von PLANCK und EINSTEIN zur Kopenhagener Deutung), ist bei U. RÖSEBERG, „Quantenmechanik und Philosophie", Wissenschaftliche Taschenbücher, Bd. 192, Akademie-Verlag, Berlin 1978, zu finden. Philosophische Probleme der Elementarteilchentheorie werden u. a. in der etwas weiter zurückliegenden Arbeit von H. HÖRZ, „Materiestruktur. Dialektischer Materialismus und Elementarteilchenphysik" (Deutscher Verlag der Wissenschaften, Berlin 1971) behandelt. Zum aktuellen Stand der physikalischen Forschung auf diesem Gebiet sei verwiesen auf K. LANIUS, „Physik der Elementarteilchen", Wissenschaftliche Taschenbücher, Bd. 269, Akademie-Verlag, Berlin 1981.

D. MÜLLER
R. REIF

Auf die kommentierenden Anmerkungen am Schluß des Bandes wird durch hochgestellte Zahlen ohne Klammern im Text verwiesen.
Hochgestellte Zahlen mit Klammern beziehen sich auf die Fußnoten auf der jeweiligen Seite unten.

1. Engels' „Dialektik der Natur" – ein für mich klassisches Werk[1])

S. SAKATA

Die Atomkern- und Elementarteilchenphysik, mein Spezialgebiet, ist ein völlig neues Gebiet der Physik, das etwa zu der Zeit entstand, als ich in den unteren Semestern studierte. Unser Hauptanliegen war es, das Alte zu überwinden. Deshalb könnte man meinen, daß wir nicht viel mit klassischen Schriften zu tun gehabt hätten. Aber Neues durch Überwindung des Alten zu schaffen, ist gerade das zentrale Problem der Methode der Wissenschaft bzw. der Methodologie. In diesem Sinne waren die klassischen Schriften für uns sehr wichtig. Als ein für mich klassisches Werk möchte ich ENGELS' „Dialektik der Natur" nennen, das wie ein Edelstein etwa vierzig Jahre hindurch ständig ein unschätzbares Licht in meine Studien brachte. Ich möchte heute darüber sprechen, wie ich mit der „Dialektik der Natur" bekannt wurde und wie sie meine Arbeit auf dem Gebiet der Physik beeinflußte.

Lassen Sie mich mit einer kurzen Einführung in ENGELS' „Dialektik der Natur" beginnen. Wie Sie wissen, war ENGELS, selber einer der größten Denker und Philosophen des 19. Jahrhunderts, einer der vertrautesten Freunde von MARX. Er entwickelte zusammen mit MARX den dialektischen Materialismus, die Grundlage der marxistischen Weltanschauung. Bei der Fertigstellung des „Kapital", in dem der dialektische Materia-

---

[1]) Nach dem Manuskript eines Rundfunkvortrages vom 30. Juli 1969. Veröffentlichung nach SAKATAS Tod im Märzheft 1971 der Zeitschrift Kagaku (Wissenschaft).

lismus als Methodologie einer neuen Wissenschaft ausgebaut wurde, leistete er MARX unentbehrliche Hilfe. Von Anfang an überdachte er auch die Anwendung derselben Methodologie auf die Naturwissenschaft. Zu jener Zeit gab es auf dem Gebiet der Naturwissenschaft eine Reihe von Fortschritten, z. B. die Entdeckung des Atoms und des Moleküls, die Entdeckung von Zellen im Lebewesen, die Aufstellung des Energieerhaltungssatzes und DARWINS Evolutionstheorie. Alle diese Erkenntnisse erschütterten das alte Weltbild, die sogenannte metaphysische Naturanschauung, und es gelang einfach niemandem, ein neues und umfassendes Bild der Natur zu schaffen, das alle diese Entdeckungen korrekt einbezog. Ich darf feststellen, daß es ENGELS war, der den Naturwissenschaftlern, die durch diese Entdeckungen gänzlich irritiert waren, einen Ausweg wies. Das Buch, das heute unter dem Titel „Dialektik der Natur" publiziert wird, ist eine Sammlung von Manuskripten, die nach ENGELS' Tod gefunden wurden. Man nimmt an, daß er den größten Teil der Manuskripte in der Zeit vom Beginn der siebziger bis Anfang der achtziger Jahre (1873—1882) geschrieben hat. Im Jahr 1878 veröffentlichte er sein berühmtes Werk „Anti-Dühring", in dem einige fundamentale Probleme der Naturdialektik behandelt werden. In einem Brief an MARX aus dem Jahre 1882 schrieb er, daß er seine Naturdialektik bald zu veröffentlichen hoffe. Aber wegen plötzlich veränderter Umstände wurde die Veröffentlichung verschoben und zu seinen Lebzeiten nicht mehr verwirklicht. Mit veränderter Situation meine ich den Tod von MARX im darauffolgenden Jahr, 1883. Nach dem Tod von MARX mußte ENGELS seine ganze Kraft auf die Fertigstellung des „Kapital" konzentrieren. Er selber starb 1895, ein Jahr nach dem Erscheinen des dritten Bandes des „Kapital". So blieb das Manuskript von ENGELS' „Dialektik der Natur" bis zu seinem Tod unveröffentlicht. Zu allem Unglück geriet das Manuskript in die Hände von BERNSTEIN, einem Führer der Sozialdemokratischen

Partei Deutschlands, der nicht in der Lage war, den Wert der Naturdialektik zu begreifen. Deshalb vergingen mehr als 30 Jahre, in denen das Manuskript relativ unbekannt und unveröffentlicht blieb. Das Werk erschien schließlich 1925, als RJAZANOW in der Sowjetunion eine Photokopie des Manuskripts erhielt und eine deutsche sowie eine russische Ausgabe zusammenstellte.

Die Naturwissenschaft erfuhr nach ENGELS' Tod eine noch größere Umwälzung. Ihr gesamtes System wurde durch die „drei großen Entdeckungen“ vom Ende des vergangenen Jahrhunderts – Röntgenstrahlen (1895), natürliche Radioaktivität (1896) und Elektron (1897) – in den Grundfesten erschüttert. Liest man zum Beispiel das Kapitel „Die Krise der Mathematischen Physik“ in POINCARÉS Buch „Der Wert der Wissenschaft“ aus dem Jahre 1905, dann begreift man, welche tiefgehende Bestürzung diese Entdeckungen unter jenen Naturwissenschaftlern auslösten, die weder ein progressives Weltbild noch eine korrekte Methodologie besaßen. Die Physiker mußten ihren Glauben an die klassische Theorie einschließlich der NEWTONschen Mechanik aufgeben, und die Chemiker begannen an der Beständigkeit der Elemente und der Unteilbarkeit der Atome zu zweifeln. Viele von ihnen verschrieben sich dem Empirizismus und dem Positivismus, weil sie meinten, daß nichts glaubwürdiger sei als die Erfahrungen selber. MACH und OSTWALD waren die Hauptvertreter dieser Richtung. Auf der anderen Seite gab es Persönlichkeiten wie BOLTZMANN und PLANCK, die an dem alten Naturbild festhalten wollten. Zwischen beiden Gruppen entwickelten sich heftige Dispute. Aber keiner dieser Standpunkte war geeignet, das Wesen der damaligen Krise der Naturwissenschaften zu erfassen. Eine richtige Analyse des Problems gab LENIN vom Standpunkt der materialistischen Dialektik. Sein Buch „Materialismus und Empiriokritizismus“, das im Jahre 1908 veröffentlicht wurde, erfährt heute zusammen mit ENGELS' „Dialektik der Natur“ eine ständig zunehmende Würdigung als eines der klassischen Werke der Methodologie der modernen Wissenschaft.

Die Analyse der modernen Wissenschaften, die LENIN in „Materialismus und Empiriokritizismus“ vornahm, stimmt in vielen Aspekten völlig mit der von ENGELS überein. Da beide Analysen vom gleichen Gesichtspunkt der materialistischen Dialektik vorgenommen wurden, ist diese Übereinstimmung nicht verwunderlich. Es ist jedoch bemerkenswert, daß LENIN von der Existenz des ENGELSschen Manuskripts gar nichts wußte. Wie ich schon erwähnte, war dieses Manuskript über 30 Jahre bei einem Revisionisten, der den Wert des Werkes nicht zu würdigen verstand, in der Versenkung verschwunden. Die Veröffentlichung erfolgte erst nach dem Tode LENINS.

Lassen Sie mich nun darüber sprechen, wie ich selber auf ENGELS' „Dialektik der Natur“ stieß. Ich kam zur Universität Tokio, um Physik zu studieren, nachdem ich eine mehrjährige Ausbildung an der Koh-nan-Oberschule beendet hatte. Seit meiner Schulzeit fesselte mich die theoretische Physik. Ich hatte Bücher von J. ISHIWARA, A. KUWAKI, H. TANABE und anderen gelesen. Diese Autoren beschrieben die ernsthaften Auseinandersetzungen zwischen den theoretischen Physikern, die durch die neuen Entdeckungen der Relativitätstheorie und der Quantenmechanik in Verwirrung geraten waren. Unter anderem gaben sie detaillierte Einführungen zu Kontroversen über solche Probleme wie Methodologie der Wissenschaft oder Weltbild, insbesondere zum berühmten Disput zwischen MACH und PLANCK. Zu jener Zeit wußte ich über den Marxismus noch gar nichts, aber zufällig traf ich im Esperanto-Club TADASHI KATO, einen der späteren Übersetzer der „Dialektik der Natur“. Ich wurde sein enger Freund, da er ebenfalls die Absicht hatte, theoretischer Physiker zu werden und zudem in meiner Nähe wohnte. Er war sehr geistvoll und trat schon wie ein echter Jünger der Wissenschaft auf, obgleich auch er noch zur Schule ging. Insbesondere war er ein Sprachgenie und beherrschte mehrere Fremdsprachen. Später gab er das Physikstudium auf und wechselte zur Fakultät für Philosophie und Literatur der Universität Kyoto über. Etwa zu dieser Zeit begann er ENGELS' „Dialektik der Natur“ ins Japanische zu übersetzen. Ich stieß das erste Mal auf die Naturdialektik, als er in den Ferien nach Hause kam und mir von dem Buch von ENGELS erzählte. Wie ich bereits erwähnte, wurde ENGELS' „Dialektik der Natur“ zuerst 1925 in der Sowjetunion veröffentlicht. In Japan erhielten wir schon relativ früh Zugang zur Naturdialektik, weil die japanische Übersetzung bereits 1929, also nur vier Jahre nach der Erstveröffentlichung, erschien. Man vergleiche diese Situation mit derjenigen in England, wo ENGELS lange Zeit lebte. Die englische Übersetzung lag erst 1940 vor. Der Grund, weshalb die Übersetzung in Japan so früh herauskam, bestand darin, daß der Marxismus zu diesem Zeitpunkt in Japan bekannt wurde und man die Werke von MARX, ENGELS, LENIN und anderen nacheinander in der Übersetzung veröffentlichte. Aber zugleich sind wir dem Genius von KATO tief verpflichtet, der beide Gebiete – sowohl die Natur- als auch die Gesellschaftswissenschaften – beherrschte und außerdem ein exzellenter Linguist war. Die Übersetzung der „Dialektik der Natur“ wurde abgeschlossen und in der „Iwanami-Bücherei“ als Gemeinschaftswerk von KATO und dessen Freund YUJIRO KAKO herausgegeben, obwohl das Hauptverdienst KATO zukommt. Der Mitübersetzer KAKO war sein Klassenkamerad. Er wurde später Professor an der Fakultät für Rechtswissenschaft der Universität Kyoto. Zusammen mit TAKIKAWA und anderen Kollegen legte er zur Zeit des bekannten, von den Militaristen verursachten Zwischenfalls an der Universität Kyoto[1] sein Professorenamt nieder. Er starb wenig später, noch jung an Jahren. Die Übersetzung kam in dem Jahr heraus, als ich die Schule beendete. Das Verständnis der Naturdialektik bereitete mir keine Schwierigkeiten, weil ich deren Inhalt schon in meiner Schulzeit direkt durch KATO begriffen hatte.

Später trat ich in das Departement für Physik der Universität Kyoto ein und begann mit dem Studium der theoretischen Physik. Als ich die zwei umwälzenden Theorien dieses Jahrhunderts, die Relativitätstheorie und die Quantenmechanik, zu verstehen begann, wurde mir die Wichtigkeit der dialektischen Naturanschauung bzw. der Anschauungsweise der Naturdialektik zunehmend bewußt. Vor allem LENINS Buch „Materialismus und Empiriokritizismus" überzeugte mich von der Fruchtlosigkeit der Argumentation zwischen MACH und PLANCK am Anfang dieses Jahrhunderts. Ich fühlte mich innerlich verpflichtet, in meiner konkreten Forschung einen Beitrag zur praktischen Anwendung der Naturdialektik als der Methodologie der zeitgenössischen Wissenschaft zu leisten.

Im Jahre 1932 kam ich ins dritte Studienjahr und begann mit der Forschung auf meinem Spezialgebiet. Das Jahr 1932 war auf Grund einer Reihe von revolutionären Entdeckungen eine epochemachende Periode in der modernen Physik. Vor allem die Entdeckung des Neutrons durch CHADWICK war von größter Bedeutung für die zukünftige Entwicklungsrichtung der Physik. Man kann sagen, daß damit das neue Gebiet der Atomkern- und Elementarteilchenphysik entstand.

Vor der Entdeckung des Neutrons stellte man sich vor, daß die Materie generell nur aus Protonen und Elektronen zusammengesetzt sei. Zu Beginn des 19. Jahrhunderts zeigte DALTON, daß die Materie aus Atomen besteht. Durch die drei großen Entdeckungen vom Ausgang des letzten Jahrhunderts wissen wir, daß das Atom nicht der letzte Baustein der Materie ist, sondern selber eine komplizierte innere Struktur besitzt. Die Struktur des Atoms wurde im Laufe dieses Jahrhunderts immer weiter aufgeklärt. Im Jahre 1911 entdeckte man, daß das Atom aus einem Kern und einer Elektronenhülle besteht. Es stellte sich heraus, daß die Bewegung der Elektronen innerhalb eines Atoms der Planetenbewegung im Sonnensystem ähnlich ist, daß aber die NEWTONsche

Mechanik nicht auf die Elektronenbewegung angewandt werden kann. Bis zum neunzehnten Jahrhundert wurde die NEWTONsche Mechanik als Ideal der exakten Wissenschaften verehrt und als letztes Grundgesetz und absolute Wahrheit angesehen, das die Bewegung aller Dinge, angefangen von den Himmelskörpern bis hin zu den Atomen, beherrscht. Aber die Mechanik verlor ihre Allmacht, als sie sich in der Welt des Elektrons, das heißt der Mikroerscheinungen, nicht anwendbar erwies. Wie die drei großen Entdeckungen vom Ende des vorigen Jahrhunderts löste auch dieser Umstand unter den Physikern eine starke Reaktion aus. Im Jahre 1925 wurde jedoch erfolgreich eine neue Mechanik entworfen, die die Mikrowelt beschreibt. Das war die Entdeckung der Quantenmechanik. Durch die Einführung der Quantenmechanik erzielte die Atomphysik in kurzer Zeit bemerkenswerte Fortschritte. Auf diese Weise war man in der Lage, die Mikrowelt genau so gut wie die Makrowelt zu verstehen.

Vor 1932 konnte man jedoch noch nicht in die gegenüber dem Atom bedeutend feinere Welt des Atomkerns eindringen. Viele Physiker erwarteten, daß die Quantenmechanik auf nukleare Probleme angewandt werden könne, wobei sie einen aus Protonen und Elektronen zusammengesetzten Atomkern annahmen. Bei diesem Versuch stieß man aber auf verschiedene unbegreifliche Widersprüche. Daraufhin schlug NIELS BOHR, einer der Begründer der Quantenmechanik, vor, eine neue Mechanik zu finden, die in der Welt der Atomkerne die Quantenmechanik ersetzt. Aber „er fing keinen zweiten Fisch unter derselben Weide“[1]).

Die Entdeckung des Neutrons im Jahre 1932 wies den Weg zur Lösung der Probleme des Atomkerns. In Wirklichkeit ist der Atomkern ein aus Protonen und Neutronen zusammengesetztes System. Man hatte ihn nicht verstehen können, weil ein unbekanntes Teilchen

---

[1]) Japanisches Sprichwort.

— das Neutron — im Kern eine wesentliche Rolle spielt. Von da ab kam es auf der Basis des Proton-Neutron-Modells des Kerns zu raschen Fortschritten in der Kernphysik.

Wir müssen hier auf die methodologischen Wesensmerkmale eingehen, die für die Aufstellung der Quantenmechanik und die Entwicklung der Kernphysik typisch sind. Ich spürte die Notwendigkeit, diese Probleme vom Standpunkt der Naturdialektik zu analysieren. In meinen Thesen zum akademischen Grad des „Bachelor of Science" unternahm ich den Versuch einer solchen Analyse, deren Resultat vom heutigen Standpunkt aus gesehen jedoch unvollkommen war.

Nach Abschluß des Studiums wurde ich an der Universität von Osaka Assistent bei YUKAWA. YUKAWA schrieb gerade seine berühmte Arbeit über die Mesonentheorie. Die Mesonentheorie ging aus einer Untersuchung über den Ursprung der sogenannten Kernkraft hervor, einer Kraft, die Protonen und Neutronen im Kern zusammenhält. Er nahm an, daß Proton und Neutron ein bisher unbekanntes Elementarteilchen — Meson genannt — austauschen.

Die Physiker waren jedoch zu jener Zeit stark von positivistischem Denken, das bei MACH seinen Ursprung hatte, beeinflußt. Man war nicht gewillt, die YUKAWA-Theorie zu akzeptieren, die ein unbekanntes Elementarteilchen einführte. Zu diesem Zeitpunkt entwickelte MITUO TAKETANI eine neue, als Drei-Stadien-Theorie bekannte Methodologie, die eine unschätzbare Ermutigung für die YUKAWA-Theorie darstellte. TAKETANI war an der Kyoto-Universität ein Studienjahr unter mir, aber während des Studiums ergab sich keine Gelegenheit, ihn kennenzulernen. Als ich dann kurz nach dem Studienabschluß im NISHINA-Laboratorium des Instituts für Physikalische und Chemische Forschung arbeitete, besuchte er manchmal das Laboratorium, und wir wurden Freunde. Nachdem ich meine Untersuchungen bei YUKAWA an der Osaka-Universität aufgenommen hatte, kam er häufiger zu uns, und wir begannen zu dritt zusammenzuarbeiten. Er hatte tiefgehende Kenntnisse auf den Gebieten Philosophie, Wissenschaft und Kunst und vertrat außerdem recht originelle Ansichten. So freuten wir uns immer sehr über seinen Besuch in unserem Laboratorium. Damals war er Assistent an der Universität von Kyoto, wo er einen Kreis progressiver junger Wissenschaftler wie SHOICHI NAKAI, TAKESHI SHIMMURA von der Fakultät für Philosophie und Literatur und andere um sich hatte. Ihr Kreis gab die Zeitschrift „Sekai-Bunka“ (Welt-Kultur) heraus. Im Jahre 1926 veröffentlichte er in dieser Zeitschrift einen Artikel mit dem Titel „Dialektik der Natur. Über die Quantenmechanik“[1]), der als tiefgründige Analyse der Quantenmechanik vom Standpunkt der materialistischen Dialektik bahnbrechend war. TAKETANI kritisierte dort scharf die einseitige Sicht der Kopenhagener Interpretation von BOHR und anderen, die stark positivistische Tendenzen enthielt. Durch diese Arbeit gelangte er zur „Drei-Stadien-Theorie“, die innerhalb der Naturdialektik einen sehr hohen Rang einnehmen sollte. Seine neue Methodologie spielte von da ab eine wichtige Rolle in unseren gemeinsamen Untersuchungen; sie war wie ein Kompaß.

Nach TAKETANIS Drei-Stadien-Theorie durchläuft der Prozeß der Naturerkenntnis drei Stufen: das phänomenologische, das substantielle, das essentielle Stadium. Im phänomenologischen Stadium werden die Naturerscheinungen beobachtet und beschrieben, wie sie sind. Im substantiellen Stadium erforscht man die Struktur des Objektes. Schließlich findet man das physikalische Gesetz, dem das Objekt unterliegt, im essentiellen Stadium. TAKETANI zeigte, daß sowohl die Quantenmechanik wie auch die NEWTONsche Mechanik über diese drei Stadien entwickelt wurden. Die Positivisten negieren

[1]) Vgl. S. 51, M. TAKETANI, Dialektik der Natur – Über die Quantenmechanik.

oft die Bedeutung des zweiten Stadiums, während Taketani die damalige Situation in der Kernphysik als Suche nach einem Weg bestimmte, der über die Analyse des zweiten Stadiums zum dritten Stadium führt. Von seinem Standpunkt aus kann die Bedeutung der Entdeckung des Neutrons und auch der Einführung des Mesons voll erfaßt werden.

Die experimentelle Entdeckung des Mesons in der kosmischen Strahlung bewies die Gültigkeit der Theorie von Yukawa und zeigte gleichzeitig die Stärke der Methodologie Taketanis. Der von uns in Japan damals und später erreichte Fortschritt auf dem Gebiet der Elementarteilchentheorie ist Taketanis Methodologie tiefgreifend verpflichtet.

Was meine Untersuchungen betrifft, so schuf ich 1942 die Zwei-Mesonen-Theorie als Weiterentwicklung der Yukawa-Theorie, schlug 1946 die Theorie der gemischten Felder vor, die einen neuen Weg zur Renormierungstheorie von Tomonaga aufzeigte und entwarf 1956 das Bausteinmodell (composite model) der Elementarteilchen. All das geschah mit Unterstützung der Taketanischen Methodologie der Naturdialektik.

Engels lehrt in seiner „Dialektik der Natur", daß die Natur aus verschiedenen Ebenen (Schichten, Strukturniveaus) mit unterschiedlichen Eigenschaften besteht, wobei auf jeder Ebene entsprechende physikalische Gesetze wirken. Diese Ebenen sind weder isoliert noch unabhängig voneinander, sondern hängen voneinander ab und stehen miteinander in Wechselbeziehung. Sie befinden sich in ständiger Erzeugung, Vernichtung und auch gegenseitiger Umwandlung und bilden die Natur in ihrer einheitlichen Existenz. Die Drei-Stadien Theorie von Taketani entwickelt auf der Basis einer solchen Naturanschauung eine Methodologie zur Erkenntnis der einzelnen Ebenen. Die Richtigkeit der dialektischen Naturanschauung wurde durch den raschen Fortschritt der Wissenschaft nach dem Tode von Engels mehr und mehr klar. Nach dem alten und überlebten metaphysischen

Naturbild vor ENGELS glaubte man, daß die Natur letztendlich aus Atomen aufgebaut sei, die ewig und unteilbar sind. Sie würden in ihrer Bewegung durch die NEWTONsche Mechanik beherrscht, die das Grundgesetz des gesamten Seins darstellt. Diesen alten Standpunkt hätte man aufgeben müssen, als die Wissenschaft merkliche Fortschritte machte. Aber es gibt sogar heute noch eine Reihe von Physikern, die das metaphysische Naturbild wiederbeleben möchten, indem sie glauben, daß anstelle der früheren Atome die Elemantarteilchen die letzten Bestandteile seien. Viele von ihnen haben einen positivistischen Standpunkt. Sie sehen im Konzept des Elementarteilchens weiter nichts als eine nützliche Arbeitshypothese im MACHschen Sinne. Man kann sagen, daß sie alle für die Entwicklung der Wissenschaft nach ENGELS blind geblieben sind und nichts weiter tun, als daß sie einen neuen Schritt in der Naturerkenntnis über die Ebene der Elementarteilchen hinaus zu verhindern suchen.

Ich pflegte auf meinem Tisch einen Zettel mit folgenden Sätzen von ENGELS aufzubewahren: „Die neue Atomistik unterscheidet sich von allen früheren dadurch, daß sie nicht behauptet ..., daß die Materie bloß diskret, sondern daß die diskreten Teile verschiedener Stufen (Ätheratome, chemische Atome, Massen, Weltkörper) verschiedene qualitative Daseinsweisen der allgemeinen Materie bedingen ...“[1]). Weiterhin kann ich einen berühmten Ausspruch von LENIN in seinem „Materialismus und Empiriokritizismus“ niemals vergessen, der besagt, daß auch das Elektron ebenso unerschöpflich ist wie das Atom. Diese Worte ermutigten mich, jener Auffassung, die die Elementarteilchen als letzte Bestandteile der Materie behandelt, entgegenzutreten und mich vom Standpunkt einer Stufenstruktur der Materie auf die Untersuchung des Bausteinmodells zu konzentrieren.

---

[1]) F. ENGELS, Dialektik der Natur. In: K. MARX, F. ENGELS. Werke, Bd. 20, Berlin 1962, S. 552.

Zum Schluß möchte ich noch auf die Dissertation von Marx und ihre Beziehung zur Dialektik der Natur hinweisen. Seine Dissertation trägt den Titel „Über die Differenz der demokritischen und epikureischen Naturphilosophie". Ich glaube, daß er einen sehr wichtigen Unterschied hervorhebt. Das Atom Demokrits ist ein vollkommenes, von Gott geschaffenes Ding, so daß man es als den letzten Baustein der Materie betrachten kann. Bei Epikur aber ist das Atom unvollkommen, weil es zufällige Elemente zum Inhalt hat, so daß man es als Ebene der Materie betrachten darf. Ich meine, daß die Dissertation in hohem Grade zu würdigen ist, weil sie die allgemein anerkannte Ansicht, daß Epikur ein Epigone von Demokrit sei, beseitigt und durch eine richtige Wertung Epikurs als Wegbereiter einer dialektischen Naturanschauung ersetzt.[2]

2. Methodologische Grundlagen zur Entwicklung der Mesonentheorie von Yukawa in Japan[1])

M. TAKETANI

In diesem Artikel berichten wir kurz über die methodologischen Aspekte und die Begleitumstände der YUKAWAschen Hypothese, die den Hintergrund zur Entwicklung der Mesonentheorie in Japan bildeten. Man ist geneigt, die bemerkenswerte Entdeckung der Mesonentheorie durch YUKAWA mit dem plötzlichen Erblühen einer schönen Blume auf unfruchtbarem Boden zu vergleichen. Genau das Gegenteil war der Fall. Ein fruchtbarer Boden war bereits hinreichend kultiviert, um ihr natürliches Wachsen zu ermöglichen. Die Rolle der Methodologie bei der Entwicklung der Physik erinnert uns dabei an den Kompaß eines Reisenden in einer Wüste, die noch niemand erforscht hat.

1. Wir wollen uns die Geschichte der theoretischen Physik in Japan ins Gedächtnis zurückrufen und dabei bedenken, was vor YUKAWA erreicht worden war.

Erstens sollten wir das von H. NAGAOKA vorgeschlagene Atommodell erwähnen, das einen Kern annimmt [1]. Diese Hypothese wurde im Jahre 1903 aufgestellt. Ein anderes Atommodell ohne Kern wurde fast zur gleichen Zeit von J. J. THOMSON, einem bedeutenden englischen Physiker, vorgeschlagen [2]. Nach NAGAOKA besteht ein Atom aus einem positiv geladenen massiven Kern im Zentrum und einer Anzahl von Elektronen, die sich auf einem Ring um den Kern bewegen. Dieser Elektronenring wiederum kann in verschiedenen Formen schwingen. Die Schwingungen führen zu zahlreichen Spektrallinien,

---

[1]) Teil eines Artikels aus dem Buch: H. YUKAWA, S. SAKATA, M. TAKETANI, Der Weg unserer Studien, Tokio 1951 (jap.).

die vom Atom mit verschiedenen, der jeweiligen Schwingungsform des Elektronenrings entsprechenden Frequenzen emittiert werden.

Dieses Atommodell bezeichnete man als Saturnmodell. Es unterscheidet sich etwas von einem dem Sonnensystem nachgebildeten Atommodell. Unter Anwendung der Maxwellschen Theorie auf den Saturnring berechnete Nagaoka in seinem Atommodell ferner die Schwingungsfrequenzen des Elektronenringes, der um den Kern rotiert. Im Jahre 1911 bewies Rutherford, daß das Atommodell mit Kern richtig ist. Dieses Ergebnis sprach für das Nagaoka-Modell mit Kern und schloß das Thomsonsche Atommodell ohne Kern aus. Der Hauptunterschied zwischen Rutherford [3] und Nagaoka bestand in der Abschätzung der Elektronenanzahl, die ein Atom enthält. Während sowohl Nagaoka wie auch Thomson mit Tausenden von Elektronen rechneten, schätzte Rutherford, daß sich im Atom nur wenige Elektronen befinden. Später zeigte N. Bohr, daß das leichteste Atom, das Wasserstoffatom, nur ein Elektron besitzt. Das führte jedoch zu einem ernsten Problem. Ein Atom mit nur einem Elektron kann nach der klassischen Elektrodynamik kein aus mehreren Schwingungsfrequenzen bestehendes Linienspektrum besitzen. Ferner kann ein um den Kern kreisendes Elektron nicht in einer festen Bahn verweilen. Hier stößt die Atomphysik auf entscheidende Schwierigkeiten. Mit der klassischen Elektrodynamik ist ein Atom tatsächlich nicht zu verstehen. Im Jahre 1913 löste N. Bohr [4] dieses Problem durch Einführung einer neuen Quantentheorie. Das geschah zehn Jahre nachdem Nagaoka erstmals ein Atommodell mit Kern in ausführlicher Form vorgeschlagen hatte.

Die Tatsache, daß ein japanischer Physiker dieses erfolgreiche Resultat ganz zu Beginn der Atomtheorie erzielte, gab den zeitgenössischen Physikern in Japan großen Auftrieb.

Es ist sehr zu bedauern, daß Nagaoka keine Nachfolger hatte. Einer der Hauptgründe dürfte die Tatsache sein, daß damals in den akademischen Kreisen eine von feudalen Vorurteilen geprägte Atmosphäre herrschte und neue Aktivitäten unterdrückt wurden. Als NAGAOKA sein Atommodell auf einem Kongreß der Physikalischen Gesellschaft Japans vorstellte, beschuldigten ihn seinerzeit berühmte Professoren, daß solch eine Atomtheorie Metaphysik und keine wissenschaftliche Arbeit sei. NAGAOKA war entmutigt und wandte sich dem Studium des Magnetismus zu.

Die zweite große Tat auf diesem Gebiet vollbrachte JUN ISHIWARA [5]. Er war der erste theoretische Physiker in Japan, charakterlich ganz anders als NAGAOKA. ISHIWARA war von EINSTEIN und dessen verschiedenen Arbeiten zur Relativitätstheorie beeindruckt. Im Jahre 1911 ging er von der Tohoku-Universität nach Deutschland, studierte theoretische Physik unter Anleitung von A. EINSTEIN und A. SOMMERFELD, machte die Bekanntschaft von MAX VON LAUE und kehrte nach Japan zurück, wo er 1915 über Relativitätstheorie arbeitete [6]. Im Jahre 1911 schrieb er eine Abhandlung, in der er die Gültigkeit der Quantentheorie des Photons erörterte [5]. Durch Einführung verallgemeinerter Koordination formulierte er 1915 [7] außerdem die Quantenbedingung, die ein grundlegendes Element der Quantentheorie des Atoms ist. Seine Formel war die korrekte theoretische Grundlage der Atomphysik. Sie wurde eher veröffentlicht als die analoge Arbeit von SOMMERFELD [8]. Seine Theorie spielte eine wichtige Rolle, als in der Anfangszeit der Quantentheorie die Atomphysik für verschiedene allgemeine Fälle formuliert wurde. Auf diese Weise war sein Beitrag eine sehr nützliche Darstellung, die als Brücke für den Übergang zur neuen Quantentheorie diente. Obwohl er viel zur Entwicklung der theoretischen Physik in Japan beigetragen hat, wurde er auf Grund seiner persönlichen Liebesaffären von der Universität verwiesen. So etwas konnte zu jener Zeit in der feudalistischen Atmosphäre der Kaiserlichen Universität geschehen. Nach dem Verlassen der Universität engagierte er sich für die Verbreitung wissenschaftlicher Kenntnisse und schrieb populärwissenschaftliche Berichte. Er gab die japanische wissenschaftliche Zeitschrift „Kagaku“ (Wissenschaft) des Iwanami-Verlages heraus. Niemand kann den Wert dieser über seine Forschungstätigkeit hinausgehenden Aktivitäten für die Hebung des wissenschaftlichen Niveaus in Japan und für die Schaffung einer schöpferischen Atmosphäre bezweifeln.

Wir weisen darauf hin, daß es in der Wissenschaft zwei Gruppen bedeutender Persönlichkeiten gibt, einerseits die hervorragenden Forscher, andererseits die Organisatoren, deren Wirksamkeit in ihrer Umgebung eine sehr aktive Atmosphäre erzeugt, in der eine Vielzahl bemerkenswerter Arbeiten entstehen. Als Beispiele hierfür seien N. BOHR, A. SOMMERFELD und J. R. OPPENHEIMER angeführt. In gleicher Weise trug ISHIWARA dazu bei, den fruchtbaren Boden für die spätere Entwicklung der theoretischen Physik in Japan zu bereiten. Viele führende theoretische Physiker Japans wurden durch ISHIWARA beeinflußt. Wir meinen, daß eine Arbeit, wie sie ISHIWARA leistete, hoch gewürdigt werden sollte.

Drittens verweisen wir auf Y. NISHINA als einen theoretischen Physiker, dessen Werk international anerkannt wurde. NISHINA studierte theoretische Physik in Kopenhagen bei N. BOHR. Nach seiner Rückkehr nach Japan gründete er 1931 das NISHINA-Laboratorium Rikagaku Kenkyusho (Institut für Physikalische und Chemische Forschung, Tokio) und begann mit Arbeiten zur Kernphysik und zur kosmischen Strahlung. Er ist einer der Wissenschaftler, die 1929 die sogenannte KLEIN-NISHINA-Formel [9] ableiteten. KLEIN und NISHINA untersuchten unter Verwendung der DIRAC-Gleichung die Streuung von γ-Strahlen am Elektron. Später wurde gezeigt, daß die erhaltene Formel mit dem Experiment übereinstimmt, wodurch die Überlegenheit der DIRAC-Theorie gegenüber früheren Theorien nachgewiesen war. Auf diese Weise wurden die Arbeiten von

NAGAOKA, ISHIWARA und NISHINA international bekannt.

2. Bald nachdem ich Student des dritten Semesters der Universität von Kyoto geworden war, ereignete sich der sogenannte „Zwischenfall an der Kyoto-Universität". Damals entließ der Erziehungsminister HATOYAMA den Professor für Rechtswissenschaft TAKIKAWA ohne Billigung durch den Lehrkörper der Fakultät für Rechtswissenschaft. Es entstand eine Atmosphäre des Widerstandes gegen diesen „Zwischenfall".

Als ich dieses Ereignis mit meinen Freunden diskutierte, wurde mir klar, daß die Vorgehensweise des Erziehungsministers völlig unrechtmäßig war, analog der geistigen Unterdrückung durch den Faschismus in Europa. Nach der Machtübernahme des Nazismus in Deutschland wurden viele wertvolle Bücher verbrannt, die in der Welt der Kultur großes internationales Ansehen genossen. Auch viele berühmte Gelehrte der Physik und anderer Wissenschaftszweige, die wir alle verehrten, verloren ihre Stellungen. Wir fürchteten, daß die Anhänger der Militärmacht in Japan ähnliche Taten der Unvernunft verüben könnten. Zuvor, im Jahre 1931, hatten japanische Streitkräfte die Mandschurei in China besetzt und der Militärfaschismus hatte seine Macht zunehmend verstärkt.

Um das Jahr 1934, in dem ich die Kyoto-Universität abschloß, gab es in der Elementarteilchenphysik gewaltige Fortschritte. Zuerst entdeckte im Jahre 1932 CHADWICK das Neutron. Diese Entdeckung führte zur Aufklärung der Kernstruktur. Verschiedene Probleme beim Verständnis des Kerns wurden durch das neue Kernmodell gelöst, welches das Neutron als einen Kernbestandteil einführte. Zweitens wurde das Positron durch ANDERSON in der kosmischen Strahlung und durch die JOLIOT-CURIES bei radioaktiven Kernen entdeckt. Gewisse Schwierigkeiten der Theorie des Elektrons waren mit der Entdeckung des Positrons gelöst. Diese beiden Tatsachen beeindruckten mich stark. Ich mußte nunmehr meine Meinung zur Logik der Wissenschaft auf völlig neuer Grundlage formulieren.

Zu dieser Zeit herrschte im Wissenschaftsverständnis das Gedankengut des Neokantianismus und Machismus vor. Man dachte, daß die Physik die Gesetze durch Ordnen der empirischen Fakten fände. Nur die Empfindungskomplexe seien das einzig real Existierende. Alles Übrige sei eine Konstruktion des Subjekts, die durch Ordnen der Erfahrungstatsachen entsteht. Ferner sagte man, daß das Wesen der Wissenschaft in der Funktion liege, weshalb im Laufe der Wissenschaftsentwicklung die Substanz in der Funktion aufgehe.

Das Wissenschaftsbild von J. ISHIWARA und H. TANABE[3] entsprach mehr oder weniger diesen Gedankengängen. Wenn man diese Ideen in der Physik anwendet, dann wäre es sinnlos, die innere Struktur des Kerns, dessen Durchmesser nur etwa 10^{-14} Meter beträgt, und seine Strukturelemente zu betrachten. Die Aufgabe der Wissenschaft besteht aber nicht nur darin, die verschiedenen den Kern betreffenden Erscheinungen mathematisch zu ordnen. Der tatsächliche Entwicklungsweg der Physik war ganz anders. Solange man das richtige Kernmodell noch nicht aufgestellt hatte, war alles Wissen über den Kern ein einziger Wirrwarr. Mit der Entdeckung des Neutrons und der Formulierung des richtigen Kernmodells löste sich jedoch die verworrene Situation, und der Kernphysik eröffnete sich eine systematische Perspektive. Hinsichtlich des Positrons verhielt es sich analog. Vor der Entdeckung des Positrons war die Elektronentheorie von DIRAC mit mysteriösen Schwierigkeiten belastet. Nachdem man eine neue Substanz, das Positron, gefunden hatte, waren alle Fragen mit einem Schlage gelöst und die Kenntnisse systematisiert. Im Ergebnis konnte man mit der DIRAC-Theorie verschiedene Phänomene von einem weitreichenden Gesichtspunkt aus behandeln. Mir fiel auf, daß sich Ähnliches bei der Erkenntnis des Sonnensystems und beim Aufbau der Atomtheorie ereignet hatte.

Auch die Theorie des β-Zerfalls wurde auf der gleichen Linie entwickelt. N. BOHR meinte, daß die Erhaltungssätze für Energie und andere Größen im Kerninneren nicht mehr gelten könnten. Die Realisierung dieser Annahme hätte den Zusammenbruch einer rationalen Kerntheorie bedeutet. PAULI schlug jedoch 1931 eine rationale Theorie vor, nach der ein neues Teilchen, das Neutrino, das Elektron beim β-Zerfall begleitet. Dieser Vorschlag sollte die Schwierigkeiten des β-Zerfalls grundsätzlich beheben. FERMI formulierte diese Theorie unter Anwendung der Methoden der Strahlungstheorie. Es gelang ihm, eine vollständige Theorie des β-Zerfalls aufzustellen. Wiederum beseitigte die Einführung einer neuen Substanz, des Neutrinos, die Verwirrungen in der Theorie. Die Erscheinung des β-Zerfalls, mit der man nicht fertig zu werden schien, konnte theoretisch behandelt werden. Insbesondere dieses Beispiel überzeugte mich. Eine neue Denkweise in der Methodologie der Wissenschaft war unbedingt notwendig.

Ich hatte Gelegenheit, im April 1934 SAKATA zu besuchen, der gerade an der Osaka-Universität bei YUKAWA eine Stelle erhalten hatte. Man informierte mich hier über diese neuen Problemkreise, die ich mit YUKAWA und SAKATA diskutierte. Nur diese Chance gab mir den Schlüssel, wie die neuen Probleme anzupacken seien. Zu jener Zeit beschäftigten mich zwei Fragen:

Erstens war das damalige Wissenschaftsbild für die neue Entwicklung der Physik unzureichend. Ich mußte eine Methodologie und eine Logik erforschen und aufbauen, die man benutzen konnte, um die Untersuchung der Kerne und der kosmischen Strahlen und damit die zukünftige Entwicklung der Physik voranzubringen.

Zweitens hatte die Entwicklung der Quantenmechanik einen tiefen Einfluß auf die zeitgenössische Philosophie. Es schien jedoch, daß die von den Philosophen vorgenommene Interpretation der Quantenmechanik in jedem Fall oberflächlich war und nicht das Wesen berührte. Ich fand, daß es notwendig sei, nach einer Philosophie zu suchen, die ein richtiges Verständnis der neuen Zustände der Materie ermöglicht, indem sie die neue Logik der Quantenmechanik aufgreift. Hierzu studierte ich die mathematischen Grundlagen der Quantenmechanik. SAKATA half mir freundlicherweise bei der Untersuchung dieser Probleme. Er kannte die Naturdialektik sehr gut. Ich hatte mich schon mit verschiedenen philosophischen Schulen beschäftigt und überprüfte sie in der Anwendung auf meine Probleme. Dabei kam ich zu der Schlußfolgerung, daß ich die Quellen und nicht die Interpretation durch die damaligen japanischen Philosophen studieren müsse. Nachdem ich mit den Originalwerken der großen Philosophen direkt in Berührung kam, fand ich eine Antwort auf meine seit langem bestehenden Fragen. Ich denke, das ist die richtige Methode, um Wissenschaft zu betreiben. Schritt für Schritt habe ich meine idealistische Philosophie auf einem komplizierten Weg des Lernens voller unvorhergesehener Überraschungen überwunden.[1])

3. Nunmehr kann ich den Prozeß der Aufstellung der Mesonentheorie durch YUKAWA besprechen. Zu jener Zeit wurden die Probleme der Kernkraft und des β-Zerfalls hauptsächlich von der phänomenologischen Seite aus angegangen. Außerdem lag die Feldtheorie vor, und viele spitzfindige Lösungsansätze fanden Anklang. Nur wenige attackierten die Probleme des β-Zerfalls und der Kernkraft von einem grundsätzlichen Standpunkt aus.

Zuerst behandelte FERMI [10] die Theorie des β-Zerfalls auf feldtheoretischer Grundlage unter Benutzung der Neutrino-Hypothese. Später berechneten TAMM und IWANENKO [11] die Kernkraft unter Verwendung der FERMI-Theorie des β-Zerfalls. Sie erhielten das kurzreichweitige Kernpotential mit Hilfe eines Modells, in dem die Kernkraft aus dem Austausch eines Elektrons

---

[1]) Vgl. S. 51, M. TAKETANI, Dialektik der Natur – Über die Quantenmechanik.

und eines Antineutrinos zwischen Proton und Neutron abgeleitet wird. Daraus ergab sich eine Kraft, die um einen Faktor 10^{-15} schwächer als die beobachtete war. Wiederum sah man sich unüberwindlichen Schwierigkeiten gegenüber. BOHR [12] vertrat die Ansicht, daß die Quantenmechanik auf Elektronen im Kern nicht angewendet werden kann. Er wies auch die FERMI-Theorie zurück. Insbesondere war er nicht glücklich über die Hypothese von der Existenz des Neutrinos, das noch nicht beobachtet worden war. N. BOHRS Meinung, daß die Energie im Kernbereich nicht erhalten bleibt, wurde weiter gefördert durch die Theorie des β-Zerfalls von BECK und SITTE [13], in der der Mechanismus der Paar-Erzeugung verwendet wurde. Zu jener Zeit wurde allgemein angenommen, daß das System der Grundgesetze selber falsch sei. Es gab nur wenige, die auf die Idee kamen, eine neue Substanz einzuführen. Im Gegenteil, man warnte vor einer solchen Spekulation. Ein talentierter Physiker, der über genügend Erfahrung auf seinem Spezialgebiet verfügt, gehe einer solchen Spekulation nicht nach. Das sei das Geschäft von Dilettanten. Ein richtiger Physiker habe sich auf das verfügbare, experimentell bereits bestätigte Material zu stützen und alle Probleme mit Hilfe spezialisierter, hochmathematischer Techniken zu überwinden. Das war die übliche Haltung unter den Physikern. Es ist interessant zu sehen, daß sich heutzutage in der Elementarteilchenphysik analoge Tendenzen zeigen, wenn es um die Schwierigkeiten der inneren Struktur der Elementarteilchen und um verschiedene, noch zu deutende neue Erscheinungen geht.

YUKAWA ging von der Theorie HEISENBERGS [14] aus, der annahm, daß Proton und Neutron Bestandteile des Kerns sind. Zuerst stellte er sich vor, daß ein Neutron (Proton) sich in ein Proton (Neutron) verwandelt, indem es ein Elektron (Positron) emittiert, was zu einer Kernkraft führt. Von dieser Annahme ausgehend, konnte er jedoch auf der Basis der Quantenmechanik kein vernünftiges Resultat erhalten. Das Modell der Kernkraft von HEISENBERG hatte in dieser Beziehung einige Lücken. Dann lernte YUKAWA die FERMI-Theorie des β-Zerfalls kennen und war von dieser tiefgründigen Theorie beeindruckt. Auch SAKATA akzeptierte die FERMI-Theorie von seinem Standpunkt der Naturdialektik aus. Er kritisierte das mysteriöse BOHRsche Prinzip und begrüßte das rationale Prinzip FERMIS. SAKATA hatte schon in Tokio zusammen mit TOMONAGA [15] die Paar-Erzeugung im Kern vor der Emission eines γ-Quantes untersucht. YUKAWA und SAKATA [16] wandten die FERMI-Theorie an und entdeckten den Mechanismus des Elektroneneinfangs durch den Kern. Dieser Prozeß wurde später durch das Experiment von ALVAREZ [17] nachgewiesen. YUKAWA arbeitete also sehr aktiv, wobei er in SAKATA einen wertvollen Mitarbeiter gewann.

Als YUKAWA die Berechnungen von TAMM und IWANENKO las, die die Kernkraft unter der Annahme abgeschätzt hatten, daß der Austausch eines Elektron-Antineutrino-Paares zwischen Proton und Neutron zu einem kurzreichweitigen Kernpotential führt, erregte ihn das sehr. Als Ausweg aus der Schwierigkeit, daß TAMM und IWANENKO mit Hilfe der schwachen Wechselwirkung des β-Zerfalls die starke Kernkraft nicht erklären konnten, wählte YUKAWA die Einführung einer neuen Substanz. Diese Methode des Herangehens widersprach der üblichen Vorgehensweise.

Nach YUKAWA [18][1]) mußte ein völlig neues Feld eingeführt werden, um die starken Kernkräfte abzuleiten. Weiterhin mußte das Quant eines solchen Feldes eine genügend große Masse besitzen, um ein kurzreichweitiges

---

[1]) Diese Arbeit von YUKAWA ist in deutscher Übersetzung abgedruckt in: D. M. BRINK, Kernkräfte – Einführung und Originaltexte, Wissenschaftliche Taschenbücher, Bd. 80, Akademie-Verlag, Berlin 1971; und in Auszügen in B. M. KEDROW, Das Neutron – Eine Artikelsammlung, Wissenschaftliche Taschenbücher, Bd. 214, Akademie-Verlag, Berlin 1979. (Hrsg.)

Potential zu liefern. (Die Masse des Quants wurde auf etwa 200 m_e abgeschätzt, m_e ist die Elektronenmasse.) Er gab diesem Feld den Namen „U-Feld oder schweres Quant“. Das U-Feld sollte eine positive oder negative elektrische Ladung haben, um die Kernkraft zwischen Proton und Neutron zu vermitteln. Beim β-Zerfall spielt das U-Feld die Rolle eines Zwischenzustandes: Das Proton (Neutron) erzeugt zunächst $U^+(U^-)$, dann zerfällt $U^+(U^-)$ in $e^+ + \nu$ bzw. in $e^- + \bar{\nu}$.

So wie das Lichtquant eine wichtige Rolle bei Atomen und Molekülen spielt, was ein Ausgangspunkt der Quantentheorie ist, so spielt dieses neue schwere Quant eine entsprechende Rolle im Kernbereich.

Das sind die Grundzüge der revolutionären Idee von YUKAWA. Der Artikel wurde im Oktober 1934 fertiggestellt, auf der Jahrestagung der Physikalisch-Mathematischen Gesellschaft, die am 17. November stattfand, vorgetragen und im darauffolgenden Jahrgang der Zeitschrift veröffentlicht. [18]

Die Arbeit von YUKAWA wurde damals von niemandem beachtet, teils weil die japanische Physikalisch-Mathematische Gesellschaft im Ausland kaum bekannt war. Hauptsächlich blieb sie aber deshalb unberücksichtigt, weil man ein solches Quant noch nie beobachtet hatte. Niemand war bereit, eine Theorie zu akzeptieren, die auf der Existenz eines unbekannten Teilchens basierte. In Japan akzeptierten nur NISHINA und TOMONAGA die YUKAWA-Theorie. Wir aus seiner Umgebung begrüßten sie natürlich, weil die YUKAWA-Theorie als ein neues Beispiel für die Gültigkeit unserer Methodologie anzusehen war. Die YUKAWA-Theorie war noch verschwommen und noch nicht vollständig entwickelt; aber Zielstellung und Anlage waren großartig im Vergleich zu allen anderen Theorien.

Wenn wir heute auf diese Zeit zurückschauen, stimmen wir darin überein, daß die Einführung eines neuen Teilchens etwas Natürliches und kein Risiko war. Man neigt zu der Annahme, daß eine Methodologie hierzu nicht notwendig sei. Wir müssen uns jedoch an die damalige Atmosphäre erinnern. Um unter vielen möglichen Wegen auszuwählen, brauchen wir eine richtige Methodologie zur Bestimmung des Weges, der zur Wahrheit führt. Erweist sich der dann eingeschlagene Weg als richtig und naturgegeben, so möchte man rückblickend die Methodologie als überflüssig ansehen. Jedoch wurde der Weg, den man hinterher für den richtigen hält, nur mit Hilfe der Methodologie gefunden. Wenn wir dieses Vorgehen nicht verallgemeinern, dann haben wir keine Methodologie, die wir bei der Erkundung eines neuen Gebietes nutzen können. Wer niemals wirklich in völliger Finsternis umherirrte und sich nur an der Interpretation beteiligte, kann den wahren Wert einer Methodologie nicht begreifen.

4. In Kyoto organisierte eine Reihe junger Wissenschaftler verschiedenster Disziplinen eine Forschungsgruppe außerhalb der Universität und begann lebhaft über die Widerstandsbewegung zu diskutieren. Ab Januar 1935 gab sie die Zeitschrift „Sekai-Bunka" (Weltkultur) heraus. Ich schloß mich der Gruppe an und debattierte mit Vertretern der verschiedensten Gebiete der Kultur. An der Zeitschrift wirkte ich durch mehrere Artikel über moderne Physik und Methodologie mit. Inzwischen wurde die Aktivität der Militaristen in Japan immer unverhüllter. Eine mystische imperialistische Ideologie ergriff die ganze Nation, und die Sonderpolizei, die die öffentliche Meinung überwachte, wurde unerbittlich. In Europa verstärkte sich der Druck der Nazis immer mehr. Als Gegenreaktion organisierte sich die antifaschistische Widerstandsbewegung. In Frankreich siegte die Volksfront. Sie bildete eine Regierung und begann ihre fortschrittlichen Pläne zu verwirklichen.

In Japan würde der Faschismus Kultur und Wissenschaft vernichten. Wenn wir den Faschismus nicht irgendwie aufhalten könnten, würde unser geistiges Leben wie das in Deutschland dem Niedergang verfallen. Von diesem Gesichtspunkt aus veröffentlichte „Sekai-Bunka" einerseits Artikel zur Situation in neuen Gebieten der Wissenschaft, andererseits brachte man mit Begeisterung die kulturellen Bewegungen zur Sprache, die aus der Volksfront gegen den Faschismus in Europa hervorgingen. Die Tätigkeit von „Sekai Bunka" sollte in bescheidenem Maße zum Widerstand gegen den japanischen Imperialismus beitragen, der gerade den Überfall auf das chinesische Festland vorbereitete. NAKAI[4] sagte, daß es eine Schande für unsere japanischen Intellektuellen wäre, wenn wir dem japanischen Imperialismus erlauben würden, das Festland zu überfallen.

Ich bemühte mich, den Gang der Forschung in der Physik zu erkunden. Insbesondere ging es mir um die Erarbeitung einer Methodologie, die die aktuelle Forschung vorantreibt und nicht nur die physikalischen Errungenschaften interpretiert, wie das bei der damaligen Philosophie der Fall war.

In der Zeitschrift „Sekai Bunka" veröffentlichte ich Arbeiten über die logische Struktur der Quantenmechanik (1936) und über die Drei-Stadien-Theorie der Entwicklung der Physik. SAKATA sprach mit Bewunderung von diesen Arbeiten.

Wir begannen damit, verschiedene Varianten für das vorausgesagte Meson zu betrachten, um die YUKAWA-Theorie weiterzuentwickeln. Als erstes stellten wir die Frage, ob die Kernkraft in allen ihren Eigenschaften aus der Mesonentheorie abgeleitet werden könne. Daher berechneten YUKAWA und SAKATA [19] das Kernpotential bis zur vierten Störungsordnung. Heraus kam, daß die Ergebnisse mit dem geladenen skalaren Meson nicht befriedigten. In dieser Rechnung wurde erstmals das von PAULI und WEISSKOPF [20] formulierte quantisierte skalare Mesonenfeld verwendet. Es zeigte sich, daß das in der ersten Arbeit von YUKAWA angegebene Kernpotential das falsche Vorzeichen hatte. In Anbetracht dieses Ergebnisses schlugen sie vor, daß zusätzlich zu den geladenen Mesonen ein neutrales Meson notwendig ist. Zweitens richtete ich meine Aufmerksamkeit auf das anomale magnetische Moment des Nukleons. Das Korrespondenzprinzip regte mich zu dem Vorschlag an, den Spin des Mesons gleich 1 zu setzen, damit das magnetische Moment des Nukleons durch das Mesonenfeld beeinflußt wird. Kurz zuvor hatten Yukawa und Sakata eine verallgemeinerte Dirac-Gleichung für Teilchen mit Spin größer als 1 formuliert. Bei dieser Gelegenheit vereinbarten wir, den dritten gemeinsamen Artikel über die Mesonentheorie zu schreiben [21]. In dieser Arbeit wurde in einer symmetrischen Mesonentheorie das neutrale Meson in natürlicher Weise als Partner der geladenen Mesonen eingeführt.

Im Frühjahr 1937 besuchte N. Bohr Japan und hielt äußerst anregende Vorlesungen über die Quantenmechanik und die Rolle der Beobachtung. Seine Begeisterung und seine aufrichtige Haltung beeindruckten die Zuhörer.

In Kyoto trafen sich Yukawa und Nishina mit N. Bohr. Yukawa sprach mit ihm über die Mesonentheorie; sie sagte Bohr nicht zu. Er fragte Yukawa: „Warum wollen Sie so ein neues Teilchen erfinden?“ Über diese Frage waren wir alle nicht sehr glücklich. Bevor jedoch Bohr aus Japan in seine Heimat zurückkehrte, erhielten wir die Nachricht aus den Vereinigten Staaten, daß ein neues geladenes Teilchen mit einer Masse von etwa 200 m_e (m_e ist die Masse des Elektrons) in der kosmischen Strahlung von Anderson und Neddermeyer [22] und auch von Street und Stevenson gefunden worden war. Im Nishina-Laboratorium des Instituts für Physikalische und Chemische Forschung in Tokio durchmusterte Takeuchi die Nebelkammeraufnahmen und fand die Spuren des neuen Teilchens. Der Bericht darüber wurde in Septemberband von „Kagaku“ als Experiment von Nishina, Takeuchi und Ichimiya [23] veröffentlicht. Wir dachten, das vorausgesagte Teilchen sei endlich entdeckt. Die Schwierigkeiten der Kerntheorie waren durch ein neues Teilchen behoben, aber nicht durch eine Abänderung von Grundgesetzen, etwa der Elektronentheorie oder der Quantenelektrodynamik, wie es die Mehrheit der Physiker erwartet hatte.

Yukawa [24] veröffentlichte in der japanischen Zeitschrift Proc. Phys. Math. Soc. Japan eine kurze Notiz mit dem Titel „Über eine mögliche Interpretation der durchdringenden Komponente der kosmischen Strahlung". In dieser Notiz sprach er die Vermutung aus, daß das neue Teilchen dem von ihm im Jahre 1935 vorausgesagten entsprechen könne. Dieses Ereignis ermutigte uns sehr, und wir vertieften uns in die Weiterentwicklung der Mesonentheorie.

Während dieser Vorstöße ins Neuland war es die Drei-Stadien-Theorie der materialistischen Dialektik, die uns den Weg der Forschung wies und die Überzeugung gab, daß die Schwierigkeiten zu überwinden seien. Damals vertraten wir die folgende Ansicht über unsere Methodologie: Im Gegensatz zur üblichen Meinung, daß die Schwierigkeiten der Kerntheorie in den Unzulänglichkeiten der Quantenmechanik selbst liegen, nahmen wir den Standpunkt ein, daß die Probleme der Mesonentheorie gegenwärtig auf der Grundlage der Quantenmechanik unter Benutzung des Korrespondenzprinzips anzugehen wären. Das ist unsere substantielle Methode. Wir waren der Meinung, daß die Kernphysik sich zu jener Zeit im substantiellen Stadium befand, bei dem das Hauptproblem darin liegt, zu untersuchen, aus welchen Bestandteilen die betrachtete Substanz besteht und welche Eigenschaften diese Bestandteile besitzen, aber nicht darin, von den Schwierigkeiten der Quantenmechanik zu sprechen. Wir spürten, daß wir noch weit von dem Stadium entfernt waren, in dem die Quantenmechanik grundsätzlich zu modifizieren ist.

Während wir die Theorie des Mesons mit Spin 1 formulierten, wurde uns bekannt, daß Proca [25] schon dieselbe Gleichung wie wir erhalten hatte und daß die Quantisierung in der UdSSR durchgeführt worden war.

So konnten wir trotz aller Verwirrungen in der Kerntheorie die Gründe für die enormen Schwierigkeiten Schritt für Schritt analysieren. Wir brachten Ordnung in die Probleme. Das war ein Verdienst unseres Vorgehens auf dem Weg der Drei-Stadien-Theorie der materialistischen Dialektik. Mit dem idealistischen Machismus hingegen wären wir verloren gewesen und wären sogar der allgemeinen Ablehnung der Theorie gefolgt.

Sakata war ausdauernd und hatte die Fähigkeit, scharf zu analysieren. Yukawa dachte schnell, wobei er bei komplizierten Dingen das wesentliche herausfand. Als die neue Formulierung entwickelt wurde und der akademische mathematische Formalismus noch überwog, wies Yukawa darauf hin, sich den physikalischen Aspekten zuzuwenden. Weiterhin war Sakata ein Genie in der Organisation der Zusammenarbeit. Alle waren ihm wohl gesonnen. Er verbreitete eine Atmosphäre des Vertrauens um sich, weil er seine Meinung stets offen aussprach.

Nachdem unser Artikel Ende Februar abgeschlossen war, lasen wir im Januarheft von „Nature“ analoge Arbeiten von H. J. Bhabha [26], N. Kemmer [27] sowie von H. Fröhlich und W. Heitler [28].

5. Im Sommer dieses Jahres begann die Armee des japanischen Imperialismus mit der Invasion auf dem chinesischen Festland. Es schien umsonst gewesen zu sein, daß wir uns Sorgen gemacht und dem japanischen Imperialismus Widerstand geleistet hatten, obwohl wir nicht viel hatten tun können. Die Sonderpolizei setzte sofort eine strenge Zensur durch. Fast alle Zeitungen und Rundfunksender wechselten über Nacht in das Lager des Militarismus. Deprimiert beschäftigte ich mich weiterhin mit der Entwicklung der Mesonentheorie.

Im Herbst wurden aktive Mitglieder der Herausgebergruppe von „Sekai-Bunka“, mit denen ich zusammenarbeitete, von der Polizei plötzlich verhaftet. „Sekai-Bunka“ war eine völlig legale Zeitschrift, und ihre Verbreitung war niemals verboten. Die Zeitschrift war von der Polizei vorher auch nicht verwarnt worden. Warum kam es trotzdem zu dieser plötzlichen Verhaftung? Gleichwohl, es war klar, daß wir die Herausgabe der Zeitschrift nicht fortsetzen konnten. Aber wir meinten, daß wir auch angesichts dieser Krise nicht in unserer Absicht, gegen den Faschismus zu kämpfen, schwanken durften. Mit KEINOSUKE KOBAYASHI überlegte ich in dessen Wohnung Gegenmaßnahmen. Er war Biologe und stieß nach dem Vorfall an der Kyoto-Universität zu unseren Aktivitäten um „Sekai-Bunka".

Während der Zeit meiner intensiven Forschungsarbeiten zur Mesonentheorie spürte ich immer drohender die Gefahr der Verfolgung durch die Sonderpolizei. Um dieser Gefahr zu entgehen, verließ ich Kyoto im Winter 1938 und wohnte bei Bekannten in Kobe. Solch einen Wohnungswechsel nannten wir „Zuflucht suchen". Es ergab sich, daß ich mich mit YUKAWA und SAKATA häufiger treffen konnte, da sie in der Nähe von Kobe wohnten. Das ermöglichte uns, abgestimmte Forschungen durchzuführen.

Ende Juni 1938 brachte mir KOBAYASHIS Freundin einen Brief von ihm mit der Nachricht, daß alle übrigen Mitglieder von „Sekai-Bunka" am 26. Juni verhaftet worden waren. Einige Journalisten hatten berichtet, daß auch TAKETANI verhaftet worden sei. In Wirklichkeit war ich nicht verhaftet, weil ich Kyoto verlassen hatte und nach Kobe gegangen war. Dadurch hatte ich mich der polizeilichen Verfolgung entzogen. Wäre ich im Herbst 1937 verhaftet worden, dann hätte ich an den gemeinsamen Arbeiten zur Mesonentheorie gar nicht teilnehmen können. Mir wurde klar, daß ich ein Verfemter war, der befürchten mußte, jeder Zeit verhaftet zu werden. Ich konnte meine kostbare Zeit nicht vergeuden. Ich mußte so viel wie möglich tun.

Drei Tage, nachdem ich in Kobe meine Wohnung wiederum gewechselt hatte, drangen — während ich schlief — einige Männer in Zivil in mein Zimmer und verhafteten mich. Es war am 13. September um sechs

Uhr früh. Ich wurde auf der Fukiai-Polizeistation festgehalten und später nach Kyoto in die Uzumasa-Polizeistation gebracht. Dort traf ich TAKESHI SHIMMURA, der eben von einem polizeilichen Verhör kam. Er informierte mich über die ganze Situation. Nach einem Monat wurde ich in die Kawataba-Polizeistation überführt, die für die Untersuchungen an der Kyoto-Universität zuständig war. Dort begann die Polizei mit der Aufklärung meines Falles. Ich mußte einen detaillierten Bericht über meine Aktivitäten bei „Sekai Bunka" zu Protokoll geben, angefangen von der Änderung und Entwicklung meines Denkens bis zu den näheren Umständen einiger Ereignisse. Als Vergehen wurden mir vorgeworfen: meine Analyse der Quantenmechanik, meine Analyse der Entwicklung der Kernphysik und mein methodologisches Herangehen an die Mesonentheorie, kurz gesagt, meine Forschungstätigkeit zur Naturdialektik. Man zwang mich zu der Aussage, mit der Naturdialektik hätte ich mich an der kulturellen Bewegung der Volksfront unter Anleitung der Komintern beteiligt, um damit die Japanische Kommunistische Partei zu unterstützen.

Zu jener Zeit war ich Assistent (ohne Bezahlung) an der Osaka-Universität und zugleich an der Kyoto-Universität. Etwa Ende Oktober besuchte mich mein Bruder in der Polizeistation und informierte mich darüber, daß die Universitäten nicht erfreut wären, wenn ich weiterhin diese Positionen bekleiden würde. SAKATA versuchte andererseits, meine Verhaftung vor den Universitäten zu verheimlichen und meine Freilassung zu erwirken. Als die Universitäten jedoch von meiner Verhaftung erfuhren, wünschten sie meine Kündigung, statt sich um meine Freilassung zu bemühen. Es war ihnen ein Dorn im Auge, daß ich eine Assistentenstelle innehatte, selbst ohne Bezahlung. Ich kündigte bald. Im Februar endete die Untersuchung durch die Sonderpolizei. Mir wurde gestattet, im Gefängnis zu studieren, bevor die Verhandlung vor dem Staatsanwalt begann. Es war mir auch erlaubt worden, mich mit SAKATA über physikalische Probleme auszutauschen und Photokopien der letzten Forschungsarbeiten, die SAKATA mir sandte, zu lesen. Es wurde mir nicht erlaubt, sie in die Zelle mitzunehmen; aber ich wagte sogar, sie in der Zelle zu lesen, indem ich sie unter der Bettdecke versteckte. Von der Polizeistation schickte ich einen Brief an SAKATA und teilte ihm mit, daß wir an die Lebensdauer des Mesons und die Lebensdauer des β-Zerfalls im Kern unterschiedlich herangehen müssen. Im Gefängnis berechnete ich exakt die Größe der Kopplungskonstanten der starken Wechselwirkung für die Kernkräfte. Mit ihr fand ich ein besseres Ergebnis für die Lebensdauer des Mesons. Etwa eine Woche später erhielt ich eine maschinengeschriebene Abhandlung von YUKAWA und SAKATA, in der sie dasselbe Ergebnis erhalten hatten. Es freute mich, die Übereinstimmung unserer Ergebnisse festzustellen, die wir ganz unabhängig voneinander erhalten hatten.

Im April 1939 nahm ein Staatsanwalt die Untersuchung meines Falles auf. Ich zeigte ihm eine Reihe unserer Arbeiten, die schon von ausländischen Forschern zitiert worden waren. Er schien den Wert unserer Arbeit für die Physik ein wenig begriffen zu haben. Nach einigen Tagen lud er YUKAWA vor und ließ mich auf Bewährung und unter der Bürgschaft von YUKAWA frei.

Literatur

[1] H. NAGAOKA, Phil. Mag. **7** (1904) 445.

[2] J. J. THOMSON, Electricity and Matter. Silliman Lecture (1904), Phil. Mag. **9** (1906) 769.

[3] E. RUTHERFORD, Phil. Mag. **25** (1913) 10.

[4] N. BOHR, Phil. Mag. **26** (1913) 1024; **27** (1914) 703.

[5] J. ISHIWARA, Tokio Su. But. Kw. K. (2), **6** (1911) 81, 164, 201; **8** (1915) 326.

[6] J. ISHIWARA, Tokio Su. But. Kw. K. (2), **8** (1915) 173.

[7] J. ISHIWARA, Tokio Su. But. Kw. K. (2), **8** (1916) 524.

[8] A. SOMMERFELD, Atombau und Spektrallinien. Braunschweig 1924.

[9] O. KLEIN und Y. NISHINA, Z. Phys. **52** (1929) 853.
[10] E. FERMI, Z. Phys. 88 (1934) 161.
[11] D. IWANENKO, I. TAMM, Nature **133** (1934) 981.
[12] N. BOHR, Faraday Lecture. J. Chem. Soc. (1932) 383.
[13] G. BECK und K. SITTE, Z. Phys. **86** (1933) 105.
[14] W. HEISENBERG, Z. Phys. **77** (1932) 1.
[15] Y. NISHINA, S. TOMONAGA, S. SAKATA, Suppl. Sc. Pap. J. P. C. R. **24** (1934) No 17,1.
[16] H. YUKAWA, S. SAKATA, Proc. Phys.-Math. Soc. Japan **17** (1935) 467, **18** (1936) 128; Phys. Rev. **51** (1937) 677.
[17] L. W. ALVAREZ, Phys. Rev. **54** (1938) 486.
[18] H. YUKAWA, Proc. Phys.-Math. Soc. Japan **17** (1935) 48.
[19] H. YUKAWA, S. SAKATA, Proc. Phys.-Math. Soc. Japan **19** (1937) 1084
[20] W. PAULI, V. WEISSKOPF, Helv. Phys. Acta **7** (1934) 709.
[21] H. YUKAWA, S. SAKATA, M. TAKETANI, Proc. Phys.-Math. Soc. Japan **20** (1938) 319.
[22] S. NEDDERMEYER, C. D. ANDERSON, Phys. Rev. **51** (1937) 884.
[23] Y. NISHINA, S. TAKEUCHI, T. ICHIMIYA, Phys. Rev. **52** (1937) 1198.
[24] H. YUKAWA, Proc. Phys.-Math. Soc. Japan **19** (1937) 712.
[25] A. PROCA, J. phys. radium **7** (1936) 347, **9** (1938) 61.
[26] H. J. BHABHA, Proc. Roy. Soc. **166** (1938) 501.
[27] N. KEMMER, Proc. Roy. Soc. **166** (1938) 127.
[28] H. FRÖHLICH, W. HEITLER, N. KEMMER, Proc. Roy. Soc. **166** (1938) 154.

3. Dialektik der Natur. Über die Quantenmechanik[1])[5]

M. Taketani

Zur Mathematisierung

In diesen Tagen spricht man überall von Krise, auf sozialen wie kulturellen Gebieten. Die Schlange sprengt ihre alte Haut. Wir müssen Goethes „*Stirb und Werde*"[2]) verstehen, die Negation der Negation. Sogar in der Mathematik und der Physik, von denen man annahm, daß alles streng in den Bahnen des formalen Denkens verläuft, hatten sich seit dem Ende des letzten Jahrhunderts Widersprüche ergeben, die sich nicht länger verheimlichen ließen. Es zeigte sich, daß das *formale Verstandesdenken* in gewisser Weise mit Mathematik und Physik nicht Schritt zu halten vermochte. Diese Wissenschaften hatten Tatsachen über die Natur in Erfahrung gebracht, die so verschiedenartig waren, daß sie sich durch das formale Denken nicht mehr vereinen ließen. Die Physik hatte sich so weit entwickelt, daß das formale Denken sie nicht mehr verstehen konnte. Die Folge war die sogenannte „Mathematisierung" mit der These: „Die Gleichung ist alles".

Begünstigt durch die allgemeine soziale Unruhe wurde man zum Anhänger des Empirizismus, Machismus, Skeptizismus, Symbolismus, Agnostizismus usw. Bis dahin hatte man betont, daß die Methode der Physik die formale oder analytische Logik sei. Das ist aber lediglich ein abstraktes Verständnis der Physik. Gerade die Mathematik stellt eine reiche Widerspiegelung der Dialektik der Natur dar. Sie kann deshalb sehr wohl in die

---

[1]) 31. Januar 1936. Beitrag zum Märzheft 1936 der Zeitschrift Sekai-Bunka (Weltkultur).

[2]) Alle kursiven Wörter in diesem und in den folgenden Artikeln stehen deutsch bzw. lateinisch im englischsprachigen Original. (Hrsg.)

innere Struktur der Natur eindringen, die dem *Verstandesdenken* nicht zugängig ist. Die Dinge, die durch mathematische Methoden widergespiegelt werden, besitzen eine realistische Bedeutung. Keinesfalls gilt: „Die Gleichung ist alles". Nur das Unvermögen jener Philosophien, die Bedeutung der Gleichung zu erfassen, führt zur Interpretation der Gleichung als einem Symbol. Physik wird häufig einseitig als Operieren mit funktionellen Abhängigkeiten verstanden. Auch in Biologie und Ökonomie gibt es Versuche, dies nachzuahmen, wobei die hervorragenden Erfolge der mathematischen Naturwissenschaft stimulierend wirken. All das beruht auf einem oberflächlichen Verständnis der Physik. Aus der tieferen dialektischen Einsicht in Wesen und Erscheinung folgt, daß alles von der Physik Entdeckte tatsächlich existiert. Bevor man Gleichungen formuliert, muß man die substantielle Struktur des Objekts kennen, d. h. die Elemente, die auftreten, und die Art ihrer Wechselwirkung, also das Modell des Objektes.[6] Physik ist nicht nur Phänomenologie. Das gilt sowohl für die klassische Mechanik als auch für die Quantenmechanik. In der klassischen Mechanik hat das durch ein Modell gegebene Bild als solches Bedeutung. In der Quantenmechanik hingegen reicht das durch das Modell gegebene mechanische Bild allein nicht aus. Es ist ein Zwischenstadium, auf dessen Grundlage wir den Hamilton-Operator konstruieren, aus dem schließlich die Gleichung folgt. Das ist u. a. auch der Inhalt des Bohrschen Korrespondenzprinzips.

Die Wechselbeziehung zwischen Wesen und Erscheinung führt direkt zum Verständnis der Beziehung von Beobachtung und Erkenntnis. *Das Wesen erscheint, und die Erscheinung ist wesentlich.* Ohne Beobachtung gibt es keine Erkenntnis. Aber die Beobachtung selber ist noch keine Erkenntnis. Die Identifizierung dieser beiden Dinge führt zur Konfusion. Die Heisenbergsche Unschärferelation weist auf die Grenzen einer jeden Beobachtung hin, aber keinesfalls auf eine Grenze der

Erkenntnis. Erkennen heißt, die Natur abbilden, und ist deshalb keine tote, statische Widerspiegelung wie das Bild in einem Spiegel. Im Gegenteil, unsere Erkenntnis dringt immer tiefer und tiefer in das Wesen der Natur ein. Und auch historisch gesehen ist sie ein Prozeß, bei dem das Abbild in Übereinstimmung mit dem Objekt gebracht wird. Keinesfalls aber ist sie ein willkürliches Produkt des Subjektes.

Die Dialektik in den Grundlagen der Mathematik[7]

Die Mathematik enthält überall Dialektik. Diese Tatsache ist durch das formale Denken verdeckt worden. Ich möchte dies an einem Beispiel aus ENGELS' „*Anti-Dühring*" erläutern, das zu verschiedenen Einwänden Anlaß gab und auch eines der heißesten Diskussionsthemen in unserem Land ist,[8] wobei ich gleichzeitig eine geeignete Lösung vorschlagen möchte. ENGELS schreibt: „Nehmen wir eine beliebige algebraische Größe, also a. Negieren wir sie, so haben wir $-a$ (minus a). Negieren wir diese Negation, indem wir $-a$ mit $-a$ multiplizieren, so haben wir $+a^2$, d. h. die ursprüngliche positive Größe, aber auf einer höheren Stufe, nämlich auf der zweiten Potenz. Auch hier macht es nichts aus, daß wir dasselbe a^2 dadurch erlangen können, daß wir das positive a mit sich selbst multiplizieren und dadurch auch a^2 erhalten. Denn die negierte Negation sitzt so fest in dem a^2, daß es unter allen Umständen zwei Quadratwurzeln hat, nämlich a und $-a$."[1]) Es erscheint recht schwierig und irgendwie unnatürlich, dies als ein Beispiel für die Negation der Negation anzusehen; denn vom *Verstand* her lassen sich Argumente dafür und dagegen vorbringen. Zum Beispiel ist der Einwand, daß die Negation von a wegen der Freiheit der Negation x sei, ein formales negatives Urteil, das „Nicht$-A$" als formale Negation von „A" setzt. Dies ist aber — wie

---

[1]) F. ENGELS, Anti-Dühring. In: K. MARX, F. ENGELS, Werke, Bd. 20, Berlin 1962, S. 127.

schon HEGEL kritisierte — sachlich nicht zutreffend. Die Negation von A ist in einer konkreten Dialektik der reale Gegensatz als Moment der Entwicklung von A. Andere formale Einwände sind z. B.: Auch ohne das Verfahren der zweimaligen Negation kann a^2 durch eine einfache Affirmation oder Negation (durch Multiplikation mit a) erhalten werden. Soll nun die Negation eine Multiplikation mit einer negativen Zahl oder nur einfach eine Multiplikation bedeuten? „Positive Zahl × negative Zahl = negative Zahl, negative Zahl × negative Zahl = positive Zahl" — diese in Worten niedergeschriebene Regel sei nichts anderes als das Beispiel des a^2 im *Anti-Dühring*. Das wäre aber nicht der Fall, weil für $a < 0$ gilt $a \to -a \to a^2$, $a^2 > 0$, so daß sich die Formel reduzieren würde auf: „Negative Zahl × negative Zahl = positive Zahl, positive Zahl × positive Zahl = positive Zahl", was in keiner Weise die Rückkehr zu sich selbst erlaubt. Was träfe dann zu, das eine oder das andere? usw. — Aus derartigen Argumenten kann man, wenn man nicht voreilig und voreingenommen ist, kaum sofort schlußfolgern, daß es keine Dialektik in der Elementarmathematik oder keine Dialektik in mathematischen Gleichungen gibt. Andererseits käme man keinen Schritt voran, wollte man die Dialektik verteidigen und „parteilich" anderen aufzwingen, ohne sein Ohr auch den verstandesmäßigen Gegenargumenten zu leihen.

Der Kern der Dialektik ist die „Einheit der Gegensätze", die sich in allen anderen Gesetzen äußert. Hiervon ausgehend, sehen wir bei einer gründlicheren Betrachtung, daß a in dialektischem Widerspruch zu $-a$ steht und daß die Existenz von a die Bedingung für die Existenz von $-a$ ist. Indem man sie quadriert, wird in a^2 ihre Einheit hergestellt. Mit anderen Worten: a^2 ist sowohl $a \cdot a$ als auch $(-a) \cdot (-a)$. Diese zwei einander widersprechenden Dinge werden zu a^2 vereint. Deshalb gilt in diesem Falle das Gesetz der Identität nicht, das in der formalen Logik fordert: „A ist A aber nicht $-A$". Wir haben also $a^2 = a \cdot a = (-a) \cdot (-a)$. Das Gleichheitszeichen in der Mathematik hat nichts mit dem Gesetz der Identität in der formalen Logik zu tun, sondern widerspiegelt die Dialektik von Unterschied und Identität. Es wird allgemein gesagt, die formale Logik sei abstrakt. Das ist tatsächlich so, weil die formale Logik genau genommen nur für Mengen von solchen Elementen gilt, die im Gegensatz zu jeglichen konkreten Dingen isoliert voneinander betrachtet werden können. Sie gilt nicht mehr, sobald die Elemente in ihrer Beziehung zueinander genommen werden, z. B. für Gruppen, Felder, Ringe usw.

Nehmen wir z. B. an, in einer Gruppe gilt $BA = C$ und $DA = E$. Wir haben dann sowohl $A = B^{-1}C$ als auch $A = D^{-1}E$. Das Gleichheitszeichen in der Mathematik weist nicht auf das Gesetz der Identität in der formalen Logik hin, sondern bedeutet eine Transformation. Es erfaßt die Wechselbeziehung und widerspiegelt in hohem Maße den dialektischen Zusammenhang eines Dinges mit dem anderen, den Übergang der Dinge ineinander, die Dialektik von einem und vielem, usw. Somit ist die Transformation für die Mathematik fundamental. Je mehr die Physik die Natur konkret widerspiegelt, desto ausgiebiger wird von solchen Transformationen Gebrauch gemacht. Dadurch kann man die Natur in ihrem Zusammenhang, in ihrem Fluß widerspiegeln. In diesem Sinne werden in der Relativitätstheorie Tensoren und in der Quantenmechanik Matrizen und Operatoren angewendet. Durch ihre Einführung haben verschiedene physikalische Größen jetzt eine tiefere Bedeutung erhalten. In der klassischen Mechanik hat eine physikalische Größe die Bedeutung ihres Wertes, und ein physikalisches Gesetz bedeutet eine Beziehung zwischen diesen Werten. Die Quantenmechanik hat die klassische Mechanik grundsätzlich überwunden. Die erhaltenen Gesetze haben jedoch die gleiche Form wie in der klassischen Mechanik. Die Gesetze in der Quantenmechanik erweisen sich als Beziehungen zwischen den physikalischen Größen selbst, aber nicht als Beziehungen zwischen ihren Werten. Die Gesetze der klassischen Mechanik betonen mehr oder weniger die quantitative, die Gesetze der Quantenmechanik hingegen mehr die qualitative Seite der Beziehungen. Das ist auch ein ausgezeichneter Beweis für die Dialektik der Entwicklung. Andererseits ist es ein abstrakter Standpunkt, der mehr die äußere Form als den Inhalt sieht, wenn man in der sogenannten Logik der höherdimensionalen gerichteten Größen die Mathematisierung oder Formalisierung der Physik mit Hilfe von Tensoren, Matrizen usw. der Differentiation entgegensetzt. Die Differentiation ist auch eine Art Transformation. Sie transformiert einen Vektor $f(x)$ in einem unendlich-dimensionalen Raum in $f'(x)$, wobei $f'(x) = Pf(x)$ mit $P = \mathrm{d}/\mathrm{d}x$. So gesehen, erhält die Differentiation in der Quantenmechanik eine signifikante Bedeutung.

In der Tat widerspiegeln Gruppen usw. die Dialektik. Sie können jedoch die Dialektik nicht ersetzen. In jüngster Zeit traten einige Philosophen mit der Annahme auf, daß die Einführung von Gruppen usw. die Logik ausschöpfe. Sie wollten ihre Ablehnung der Dialektik verschleiern, indem sie sogar die Einführung einer gewissen Art von Dialektik forderten. Die Physik reflektiert die Dialektik weitaus reichhaltiger als die von ihr benutzte Mathematik, wie Gruppen usw. Die Annahme eines operierenden Subjektes, unter dessen Einwirkung alle Dinge betrachtet werden, welche einige durch das Wort „Operator“ geblendete Philosophen machen, ist genau so absurd wie die Annahme eines negierenden Subjektes entsprechend dem Wort „Negation“ in der Dialektik.

In der Mengenlehre wird jedes Element im wesentlichen losgelöst von anderen behandelt. Hier spielt also das formale Denken eine wichtige Rolle. Wie schon YUCHI SETA in einem für dieses Gebiet sehr wertvollen Artikel[9] nachwies, treten daher Widersprüche auf, die sowohl momentane Widersprüche als auch eine Form der *schlechten Unendlichkeit* sind.

Quantenmechanik und Dialektik

Die beiden sich widersprechenden Erscheinungsformen Welle und Teilchen — zwei Bilder, die der *Verstand*, der historisch ebenso alt ist wie die Wissenschaft selber, gegenseitig ausschließt — werden in der Quantenmechanik durch ihre Vereinigung in dem wesentlichen Begriff des Zustandes erfaßt. Um ein physikalisches System räumlich zu begrenzen, muß man durch Überlagerung von Wellen unterschiedlicher Wellenlänge ein Wellenpaket erzeugen. Dieses Superpositionsprinzip hat in der Quantenmechanik grundlegende Bedeutung. Das räumlich begrenzte System enthält daher in sich einen Widerspruch, der seine Eigenbewegung — das Auseinanderlaufen des Wellenpaketes — hervorruft. Mit anderen Worten, der Impuls des Systems wird in dem Maße unbestimmt, wie Zustände mit verschiedener Wellenlänge, d. h. mit verschiedenem Impuls, überlagert wurden, um das System räumlich zu begrenzen. Das ist die sogenannte HEISENBERGsche Unschärferelation. Wenn ein Zustand durch Überlagerung mehrerer Zustände gebildet wird, dann besteht *Unbestimmtheit* bezüglich der so überlagerten Zustände. Bei der Beobachtung kommt es zur Reduktion des Zustandes, wonach erstmals *Bestimmtheit* vorliegt. Zu welchem Zustand man durch die Reduktion gelangt, kann in diesem Falle jedoch nur im Sinne einer Wahrscheinlichkeit vorausgesagt werden. Das heißt, es kommt während der Beobachtung zu unkontrollierbaren Wechselwirkungen. Diese Wahrscheinlichkeit besitzt einen ganz anderen Charakter als die klassische Wahrscheinlichkeit, die bestimmt und *unbekannt* impliziert während im Falle der Quantenmechanik das, was seiner Natur nach *unbestimmt* ist, durch die Beobachtung *bestimmt* wird. In der klassischen Wahrscheinlichkeit ist alles *bestimmt*, und was *unbekannt* ist, wird durch Beobachtung *bekannt*.[1])

---

[1]) Nach der Terminologie von PAULI in: Handbuch der Physik, Bd. 23, Springer, Berlin 1933.

Nehmen wir zum Beispiel ein Elektron oder Photon, das durch einen Schirm mit einem Doppelspalt hindurchgeht. Nach der klassischen Theorie läuft es als Teilchen entweder durch den einen oder durch den anderen Spalt. Obgleich es ohne Beobachtung *unbekannt* ist, welchen Spalt das Teilchen passiert, ist es *bestimmt*, daß es durch einen von beiden hindurchgeht. In der Quantenmechanik hingegen durchläuft ein Teilchen gleichzeitig beide Spalte, wie das Interferenzbild hinter dem Schirm zeigt. Die Interferenz tritt nicht auf, wenn durch Beobachtung bestimmt wird, welchen Spalt das Teilchen passiert hat. Welchen Spalt das Teilchen durchlief, ist deshalb von Natur her *unbestimmt*, damit Interferenz auftritt. Die Überlagerung von Zuständen unterscheidet sich demnach grundlegend von der Überlagerung von Wahrscheinlichkeiten. Mit anderen Worten, die Wellenfunktion Ψ, die den Zustand beschreibt, hat eine tiefere Bedeutung als die Wahrscheinlichkeit. Die Wellenfunktion ist wesentlich. Das heißt, die Gesetze der Quantenmechanik sind keine statistischen Gesetze. Die Wahrscheinlichkeit ergibt sich bei der Beobachtung, sie ist phänomenologischer Natur. Denn nur durch den abstrakten Prozeß $\Psi \rightarrow |\Psi|^2$ kann der Wellenfunktion eine Bedeutung im Sinne einer Wahrscheinlichkeit gegeben werden. Die statistischen Gesetze sind nichts weiter als die phänomenologische Beschreibung der Beobachtung. Durch dieses Vorgehen abstrahiert man von dem Phasenfaktor, der bei der Interferenz eine Rolle spielt. Deshalb tritt also keine Interferenz auf, wenn wir beobachten, welchen Spalt das Teilchen passiert.

In einem abgeschlossenen System verläuft die Bewegung eines Zustandes streng kausal. Aber das Verhalten des Zustandes bei einer Beobachtung läßt sich infolge unkontrollierbarer Wechselwirkungen nicht vorhersagen, so daß die Meßergebnisse nur statistisch, im Sinne einer Wahrscheinlichkeit, angegeben werden können. Deshalb das Geschrei: „Die Kausalität ist verletzt.“ In der kinetischen Gastheorie ist die Bewegung jedes

Moleküls *unbekannt*, aber *bestimmt* und befolgt die Kausalität. Thermische Phänomene bei einer großen Anzahl von Molekülen sind jedoch statistisch. In diesem Fall sind die Koordinaten, die Ort und Impuls jedes Moleküls angeben, verborgene Parameter. Analog dazu entstanden die beiden folgenden Meinungen: „In der Quantenmechanik existieren ebenfalls solche hinter der Wahrscheinlichkeit verborgenen Parameter. Daraus folgt:

(1) weil wir diese Parameter nicht kennen, entsprechen sie dem Willen der Elektronen oder gehören zum Reich Gottes, oder

(2) die Quantenmechanik ist unvollständig, so daß man diese Parameter finden und einführen sollte, um daraus eine abgeschlossene Theorie zu machen."

Die erste Ansicht ist eine Art Agnostizismus, während die zweite einem Denken entspricht, das ohne mechanische Kausalität keinen Frieden findet. Wir können zwar nicht sagen, daß es auch dann noch absolut unmöglich sein wird, so etwas wie verborgene Parameter in die Quantenmechanik einzuführen, wenn sich ihre Wesensmerkmale bei der weiteren Entwicklung der Physik vollständig ändern. Aber bei der Struktur der Quantenmechanik ist die Einführung solcher Parameter völlig sinnlos und unmöglich.[10] Die Quantenmechaniker werden vielleicht mit LAPLACE sagen: „Majestät, ich bedurfte dieser Hypothese nicht."[1]) In der klassischen Mechanik war die absolute Bewegung relativ zum Äther eine Art verborgener Parameter. Aber alle Anstrengungen, sie nachzuweisen, schlugen fehl. Damals ließ die Relativitätstheorie diesen objektiv bedeutungslosen Parameter fallen und beschrieb die Welt in der Weise, daß nur die Relativbewegung Bedeutung besitzt. Es war dies das erste Mal, daß Zeit, Raum, Materie und Bewegung in ihrem engen dialektischen Zusammenhang erfaßt wurden.

---

[1]) Antwort von LAPLACE auf die Frage NAPOLEONS, warum in seiner „Mécanique céleste" der Schöpfer nicht erwähnt sei. (Hrsg.)

Wir können voraussagen, daß man auch in Zukunft bei aller Mühe die absolute Bewegung nicht finden wird. Die Quantenmechanik ist voller Widersprüche, die in Zukunft *aufgehoben* werden sollten. In der Quantenmechanik ist gegenwärtig jedoch kein solcher Widerspruch abzusehen, der zu ihrer Entwicklung in Richtung der verborgenen Parameter führen würde. Es besteht keine Notwendigkeit, solche Parameter zu erwarten und zu fordern. Die Quantentheorie wird weiterhin als Gebiet bestehen bleiben, das ohne diese Parameter abgeschlossen ist. Wie die folgende Analyse zeigen wird, weist gerade das Fehlen solcher Parameter auf ihre dialektischen Wechselbeziehungen hin. Die Forderung nach solchen Parametern bedeutet nichts anderes, als daß die Notwendigkeit auf die Zufälligkeit heruntergebracht wird.

Wenn in der Quantenmechanik ein System aus zwei Untersystemen zusammengesetzt wird, dann entsteht als Ganzes mehr als nur die Summe der jeweiligen Komponenten. Das ist die Beziehung zwischen Teil und Ganzem, die mit der formalen Logik nicht verstanden werden kann. In dem so zusammengesetzten Ganzen ist jede Komponente völlig verschieden von dem, was sie unabhängig von der anderen wäre. Das kommt natürlich bei einer einfachen mechanischen Wechselwirkung nicht vor, sondern nur bei gegenseitiger räumlicher Durchdringung. Bei der Bildung des Ganzen aus seinen Teilen besteht ein enger dialektischer Zusammenhang. (Es sei insbesondere vermerkt, daß bei der Zusammensetzung zweier identischer Systeme, z. B. zweier Elektronen, jedes seine Individualität vollständig verliert.) Als ein abgeschlossenes System verhält sich das Ganze streng kausal. Bei einer Messung wird ein zusammengesetztes System aus dem Beobachter (nicht dem Subjekt!) und dem Objekt gebildet. Das zusammengesetzte System als Ganzes ist kausal im strengen Sinne. Jedoch bedeutet die Messung nicht nur diese Zusammensetzung. Wollte man sich damit schon zufrieden geben, so wäre das mechanistisch, ein abstrakter Standpunkt, der die Dinge nicht konkret sieht. Bei der Messung wird vom Ganzen ein Teil, nämlich das Objekt, abgetrennt, indem man einen Schnitt setzt. In diesem Fall gelten das Gesetz der Identität und das Gesetz vom zureichenden Grund für den Teil nicht, weil er aus dem Ganzen, das mehr ist als nur die Summe der Teile, herausgelöst ist. Im Ergebnis kommt es zur Reduktion des Zustandes. Ein und derselbe Zustand *erscheint* also bei der Messung unterschiedlich, und die Gesetze der Identität und des zureichenden Grundes gelten nicht, weil für die *Erscheinung* nur eine Wahrscheinlichkeitsaussage gemacht werden kann. — Das ist der eigentliche Inhalt des sogenannten Zusammenbruches der Kausalität.

Im Prozeß der Selbstverwirklichung *erscheint* das Wesen in seinem ganzen wechselseitigen Zusammenhang. Die Einheit von Notwendigkeit und Zufall *erscheint* als Wahrscheinlichkeit. Umgekehrt wird als Notwendigkeit angesehen, daß die Größe des reinen Zufalls, d. h. der Wahrscheinlichkeit, gleich Eins ist, wenn nur bei der Reduktion des Zustandes die ganze räumliche Ausdehnung des Systems erfaßt wird. Das hat seine Grundlage im Superpositionsgesetz. Müssen wir also wegen der Grenzen der Beobachtung oder aus anderen Gründen befürchten, daß wir gar kein Abbild des Existierenden erhalten? Nein, gewiß nicht! Eine einzelne Beobachtung ist zufällig, aber insgesamt (wenn man nur ausreichend viele Messungen durchführt) liefert die Beobachtung eine Widerspiegelung, die so vollständig wie nur möglich ist. (Mit vollständig ist lückenlos gemeint, aber nicht genau. Die Genauigkeit unterliegt historischen Einschränkungen.) Eine Summe von Beobachtungen im Sinne eines einfachen Sammelns führt zu sowohl statistischen als auch phänomenologischen Gesetzen für die Beschreibung der Erscheinungen. Aber das menschliche Denken dringt tiefer in die Erscheinungen ein und kommt zu wesentlichen und notwendigen Gesetzen. Die SCHRÖDINGER-Gleichung zum Beispiel hat eine solche

Bedeutung. Wenn der Begriff des Zustandes unanschaulich ist, so heißt das nicht, daß er keine Signifikanz für das Existierende hätte. Vielmehr ist das der echte Beweis dafür, daß wir das Gesetz, die Logik, aus der Außenwelt abgeleitet haben. Wir dringen immer tiefer in die Natur ein, wobei wir auf Dinge stoßen, die unseren früheren Vorstellungen *fremd* sind. Erst durch die Wiederholung in der Praxis eignen wir uns Dinge an. Durch die Praxis erweist sich, ob die Wesensbegriffe, die durch das Denken gewonnen werden, eine richtige Widerspiegelung des Objekts sind. Der durch eine Wellenfunktion dargestellte Zustand entspricht dem Wesen und *erscheint* in den Formen Welle (Interferenz), Teilchen und Wahrscheinlichkeit. Die sogenannte akausale Reduktion des Zustandes während der Beobachtung stellt weder eine „Einwirkung des Subjektes" noch einen „Zusammenbruch der Kausalität" dar, sondern beruht auf der den Gesetzen der Materie innewohnenden Dialektik, d. h. auf dem Superpositionsgesetz der Quantenmechanik.

Es gibt keinen Grund, die Auffassung zu unterstützen, daß die Unschärferelation den Operationen des Subjektes zuzuschreiben sei. Wieso gibt es eine unkontrollierbare Einwirkung, wenn das Subjekt Operationen durchführt? Solch ein abstrakter Standpunkt erklärt weiterhin keinen einzigen konkreten Aspekt der Unschärferelation. Er ignoriert solche Beobachtungen, bei denen keine Reduktion des Zustandes erfolgt. Subjektivität ist keine mystische Angelegenheit, sondern auf objektiver Notwendigkeit beruhende Praxis. Die Einwirkung bei der Beobachtung beruht auf Naturgesetzen. Diese Tatsache läßt sich am besten daran erkennen, daß man ein und dasselbe Ergebnis unabhängig von der Lage des Schnittes zwischen Beobachter und Objekt erhält. Wie aus der obigen Diskussion hervorgeht, bedeutet das nicht Identifizierung von Objekt und Subjekt. Die Beziehung zwischen Kausalität und statistischen Gesetzen in der Quantenmechanik und in der kinetischen Gastheorie sind sehr ähnlich. In der kinetischen Gastheorie ist das Gesetz der

Gesamterscheinung statistischer Natur. Diese Statistik ist durch die verborgenen Parameter für jedes Teilchen, das die Kausalität im strengen Sinne befolgt, begründet. Die Quantenmechanik ist statistisch hinsichtlich der Einzelerscheinung, was darauf beruht, daß der Zustand des Gesamtsystems die Kausalität im strengen Sinne befolgt. In beiden Fällen leiten sich die statistischen Gesetze der Erscheinung aus notwendigen kausalen Gesetzen ab, allerdings in entgegengesetzter Richtung.

Wie oben gezeigt, stehen in der Quantenmechanik Wesen und Erscheinung, Teil und Ganzes wie auch Notwendigkeit und Zufall dialektisch als Einheit von Gegensätzen in einem engen wechselseitigen Zusammenhang. Auf den Gebieten der Atomkern- und Hochenergiephysik, bei Zuständen mit negativer Energie und besonders in der Quantenelektrodynamik weist die Quantenmechanik noch beträchtliche Probleme und Widersprüche auf, die nur durch dialektische Analysen und Experimente gelöst werden können.

Wir müssen unterscheiden zwischen dem dialektischen Widerspruch, der als *aufgehobener* Widerspruch konkret erfaßt ist, und dem Widerspruch, der momentan in der abstrakten Widerspiegelung auftritt. Ersterer hat die Form der *wahren Unendlichkeit.* Zum Beispiel sind die Lichtgeschwindigkeit in der Relativitätstheorie, die PLANCKsche Konstante und die Unschärferelation eine Form der *wahren Unendlichkeit.* Sie sind eine Art Atomismus, im Gegensatz zur Aufteilung des Phasenraumes im Sinne der *schlechten Unendlichkeit.* Einen solchen Atomismus hat BORN kürzlich als Prinzip der Endlichkeit eingeführt. Der Widerspruch in der abstrakten Widerspiegelung ist hingegen sowohl ein momentaner Widerspruch als auch eine Form der *schlechten Unendlichkeit.* Der verschwindende Radius des Elektrons, die unendliche Selbstenergie, die unendliche Dichte der von DIRAC eingeführten negativen Energiezustände usw. sind Beispiele für zentrale Schwierigkeiten der modernen Quantenmechanik, die offensichtlich in einem bestimmten wechselseitigen Zusammenhang miteinander stehen.[11] Es ist die Aufgabe der Naturwissenschaft zu klären, was *momentane* und was *wahre Unendlichkeit* ist, um zum Konkreten vorzustoßen und es zu begreifen. Die dialektische Analyse muß die Richtung weisen, in der momentane Widersprüche *aufgehoben* werden müßten, um so die wechselseitigen Zusammenhänge der verschiedenen Formen herauszufinden. Die Naturwissenschaft spiegelt daher entsprechend ihrem Entwicklungsstand die Dialektik der Natur konkret wider und ist niemals eine Entdialektisierung der Dialektik. Dialektik kann nur durch Dialektik dargestellt werden. Auch wer annimmt, daß die Dialektik nur darin besteht, Widersprüche in der Form von *momentaner Unendlichkeit* zu sehen, entgeht nicht der Kritik, eine phantastische Dialektik zu vertreten. Dieser Standpunkt führt sofort zu der Schlußfolgerung, daß es in der wirklichen Praxis, in der Technik, keine Dialektik, sondern nur nichtdialektische und analytisch-logische Methoden gäbe. Dialektik heißt nicht, den Gegensatz unter dem Vorwand zu mystifizieren, seine Lösung zu wollen, und dabei auszurufen: Wie dialektisch ist das doch!, sondern heißt, den Gegensatz in seiner Einheit konkret und definitiv zu erfassen. Man hält fälschlicherweise die in tatsächlichen Analysen enthaltene Dialektik für nichtdialektische analytische Logik, wenn man sagt: „Obgleich die Physik von ihrer Grundlage her die Dialektik widerspiegelt, sollte sie sich gleichzeitig mit der Schaffung einer analytischen Theorie befassen und sich dabei des Experimentes und der Mathematik bedienen. So gesehen, ist die Physik weiterhin eher analytisch-logisch als dialektisch. Ebenso wie man von der Mathematik sagen kann, daß sie das Produkt des technischen Denkens ist, und dabei das Dialektische entdialektisiert, so sollte auch die Physik den Aspekt haben, das dialektische Sein zu entdialektisieren."[1])

---

[1]) Ergänzende Anmerkung des Autors (1946): Standpunkt der Schule von TANABE.

Mit derartigen Analysen gewinnt man keine Erkenntnis. Eine solche von der wirklichen Wissenschaft isolierte und ihr entgegengesetzte Dialektik ist phantastische Dialektik. Eine solche Naturphilosophie geht – ohne die historische Negation zu verstehen – auf das klassische Griechenland zurück, zu dessen Naturphilosophie, und vergißt DANTES sorgenvollen Ruf „*Non vi si pensa quanto sangue costa.*“[1]).

[1]) „Man glaubt ... nicht, wie viel Blut es kostete ...“, DANTE, Göttliche Komödie, Paradiso, Canto XXIX, Linea 91.

4. Zur Entstehung der Newtonschen Mechanik[1])

M. Taketani

Im Jahre 1642 fiel ein reifes Samenkorn zur Erde, und eine Saat, die eine reiche Ernte versprach, ging auf.[2]) Der geschichtliche Mittelpunkt Europas verlagerte sich von den Ländern des Mittelmeeres, wo die Furcht vor der Inquisition neue Umwälzungen der menschlichen Zivilisation lähmte, und von den durch Krieg zerrütteten Ländern, wo man den Entdecker der Himmelsgesetze hatte verhungern lassen, nach England, einem Land im Atlantischen Ozean. In diesem Land respektierte und verehrte das ganze Volk jenen Begründer der Wissenschaft, der durch seine persönliche Leistung klärte, daß die Gesetze von Himmel und Erde gleich sind.[12]

Im Jahre 1942 ist das moderne Zeitalter, dessen Saat vor dreihundert Jahren keimte, überreif, und wir sehen uns einer der gewaltigsten Vernichtungsaktionen in der Weltgeschichte gegenüber. Auch in der Wissenschaft mühen wir uns mit vielen Problemen ab, mit der Beziehung zwischen Wissenschaft und Technik, mit der Logik der Wissenschaft und der Wissenschaftsentwicklung, mit dem Verhältnis der Wissenschaft zum Weltbild und zu den Denkformen usw. Bei einer Analyse dieser heutigen Probleme ist es sehr nützlich, sich der großartigen Grundlegung der Wissenschaft vor dreihundert Jahren zu erinnern.

Bei der Untersuchung der Wissenschaftsentwicklung müssen wir sorgfältig berücksichtigen, daß die verschiedenen oben erwähnten Faktoren in komplizierter

---

[1]) 26. Juni 1942. Erschienen im Augustheft 1942 von Kagaku (Wissenschaft).
[2]) Galilei starb, und Newton wurde geboren.

Weise miteinander in Verbindung stehen. Es ist deshalb notwendig, die wesentlichen Merkmale jedes Faktors herauszuarbeiten und zu analysieren, welche Wechselwirkungen sie miteinander eingehen. Das ist meines Erachtens die richtige Methode, die Geschichte der Wissenschaft zu studieren.

Die Beziehungen zwischen Wissenschaft und Technik und zwischen Wissenschaft und Produktion stellen uns gegenwärtig vor wichtige Probleme, die oft diskutiert worden sind. Zum Beispiel behaupten manche, daß NEWTONS „Philosophiae Naturalis Principia Mathematica“ auf Grund der technischen Erfordernisse jener Zeit geschaffen wurden, im Gegensatz zu seinen eigenen Feststellungen und Überzeugungen. Es gibt aber auch entgegengesetzte Ansichten, die hervorheben, daß NEWTONS „Principia“ nicht aus seinen Interessen für die Technik, sondern allein zum Zwecke der Naturerkenntnis entstanden. Eine solche Fragestellung, ob die Entwicklung der Wissenschaft in Übereinstimmung mit den technischen Erfordernissen verläuft oder nicht, ist jedoch primitiv. Das tatsächliche Problem besteht in der Klärung der wesentlichen Beziehungen zwischen Wissenschaft und Technik, aber nicht in der Aufzählung von nur fragmentarischen konkreten Formen dieser Beziehungen. Genau das ist das Problem der Wechselbeziehung zwischen menschlichem Wissen und menschlicher Praxis. Für die Beantwortung der Frage, ob sich die Wissenschaft den Anforderungen der Technik entsprechend entwickelt oder nicht, kann man aus der Wissenschaftsgeschichte willkürlich historisches Material heraussuchen, das zu jeder der beiden Auffassungen paßt. Selbst wenn man reiches historisches Material vorweisen kann, das darauf hinweist, daß die Wissenschaft nicht in der Lage ist, dringende technische Bedürfnisse unmittelbar zu befriedigen, und daß die Technik die Schätze der Wissenschaft nicht direkt übernehmen kann, so bedeutet das noch keinesfalls, daß sich die Entwicklung der Wissenschaft nicht unter den Erfordernissen der Technik vollzieht. Auch wenn der betreffende Wissenschaftler selber keine technischen Kenntnisse besaß, wie es bei NEWTON der Fall war, heißt das nicht immer, daß er sich für technische Erfordernisse nicht interessiert hätte. Für die Klärung des wechselseitigen Zusammenhangs zwischen Wissenschaft und Technik benötigen wir tiefgreifende methodologische Analysen. Das technische Erfordernis hat stets einen eigenständigen sozialen Charakter. Wir müssen deshalb untersuchen, welche Funktionen der Wissenschaftler und der Techniker in jeder Gesellschaft besitzt. Die Wissenschaftler sind selbstverständlich nicht stets zugleich Techniker. Die Tatsache, daß NEWTON für die unmittelbaren technischen Erfordernisse seiner Zeit nicht kompetent war, läßt keinesfalls die Schlußfolgerung zu, daß die Wissenschaft keine Beziehung zu den technischen Erfordernissen hat.

Naturwissenschaft ist Wissen über die Natur, und das Anliegen der Wissenschaftsgeschichte besteht in der Untersuchung, wie die Menschheit die äußere Natur erkannt hat. War nur der Erkenntnisdrang gegenüber der Natur die motivierende Kraft, die die Geschichte der Wissenschaft vorantrieb? Studieren die Wissenschaftler die Natur nur, weil sie von ihrer Schönheit angetan sind, wie POINCARÉ es ausdrückte?

Wenn die Erforschung der Natur durch den Menschen von solch einem ästhetischen Standpunkt aus erfolgt wäre, dann würde die Wissenschaft nicht die Macht sein, die sie heute tatsächlich darstellt. Sie hätte sich nicht entwickelt, sondern hätte sich nur in ihrem System der inneren Widerspruchsfreiheit im Kreise gedreht, weil der Fortschritt der Wissenschaft fast immer mit der Zerstörung abgeschlossener logischer Systeme beginnt, die man für so schön gehalten hatte.

Die Wissenschaft ist mächtig. Die Tatsache, daß sie oft stürmisch in einer dem Verstand widersprechenden Richtung voranschreitet, weist auf den Zusammenhang von Wissenschaft und produktiver Praxis hin. Unsere

Praxis ist nicht subjektiv wie man vereinfacht sagt, sondern sie vollzieht sich stets auf der Bühne der *Gesetzmäßigkeit* der objektiven Natur. Sie ist gleichsam ein technisches Schauspiel. Darum kann die menschliche Praxis nur effektiv sein, wenn die *Gesetzmäßigkeit* der Natur richtig erfaßt und angewendet wird. Im Verlaufe der Geschichte der menschlichen Praxis wurde das Wissen über die Natur zum Besitz der Menschheit. Andererseits hatte das so erworbene Wissen die Effektivität der menschlichen Praxis zu garantieren. Die Naturwissenschaft konnte so ihre Macht stets behaupten und ihren eigenen Entwicklungsweg voranschreiten, wobei sie oft über die einfache Befriedigung des *Verstandes* hinausging.

Entwickelt sich die Wissenschaft nun ausschließlich nach solchen Erfordernissen der produktiven Praxis, d. h. nach technischen Erfordernissen? Wie bereits erwähnt, können der Geschichte der Wissenschaft viele Gegenbeispiele entnommen werden. Zum Beispiel sagt man gewöhnlich, daß die Technik im alten Ägypten und in Babylon sehr weit entwickelt war. Eine Wissenschaft im eigentlichen Sinne gab es dort jedoch noch nicht. In Griechenland war dann die Weiterentwicklung der Technik so gering, daß sie auf dem Stand der vorangegangenen ägyptischen und babylonischen Technik stehen blieb. Aber in Griechenland schlug die Geburtsstunde der Wissenschaft, ein bewundernswertes Zeitalter der Wissenschaft brach an. Im Gegensatz dazu war das nachfolgende römische Zeitalter ein Zeitalter der Technik, und die Wissenschaft wurde nicht viel weiterentwickelt.[13]

Die Erfordernisse der Technik bilden eine sehr wesentliche Seite der Entwicklung der Wissenschaft. Jedoch bestimmt diese Seite den Zustand der Wissenschaft nicht vollständig, sondern schließt einige in dieser Hinsicht zufällige Elemente ein. Wenn die Naturwissenschaft ausschließlich unter dem Einfluß technischer Erfordernisse stände, würde sie bei einer bloßen Anhäufung von fragmentarischem technischem Wissen stehenbleiben, ohne zu einer wesentlichen Erklärung der Natur zu gelangen.

Sie wäre folglich in einer fortgeschritteneren menschlichen Praxis wirkungslos.

Begründet ist dies in der Tatsache, daß die Wissenschaft ein Gebiet der Kultur darstellt. Als Gebiet der Kultur ist sie eine Komponente des Weltbildes, die ein selbständiges System bildet und sich eigenständig entwickelt. Als Widerspiegelung der Struktur der Natur steht die Wissenschaft fest gegründet auf dem Boden der Technik. Die Griechen bauten auf den Kenntnissen über die Natur auf, die durch die Technik der Ägypter und Babylonier gewonnen worden waren. Diese bildeten den technischen Hintergrund für die griechische Wissenschaft. Ebenso entstanden NEWTONS „Principia" auf dem technischen Hintergrund der Periode der Renaissance und Manufaktur. Die damalige Technik der Manufaktur erforderte jedoch eine Wissenschaft wie die „Principia" nicht unbedingt und unmittelbar. Die „Principia" waren in erster Linie eine kulturelle Leistung, die unter dem Einfluß der damaligen Kultur entstand. Wenn man die soziale Basis der „Principia" diskutiert, muß man deshalb unbedingt die Gründung der neuzeitlichen Akademien und deren damaligen Charakter analysieren. Es ist sinnlos, bruchstückhaft historisches Material über NEWTON zusammenzutragen. Die Physik GALILEIS entstand, beflügelt durch das Weltbild der bürgerlichen Gesellschaft, vor allem als Waffe im Kampf gegen das aristotelisch-mittelalterliche Weltbild. In diesem Falle wurde es möglich, mit den Waffen der Technik einen Schlag gegen die Gebrechen der aristotelisch-mittelalterlichen Naturwissenschaft zu führen, eben weil diese von der Technik isoliert war.

Der technische Hintergrund bildet somit die Basis für die Entwicklung der Wissenschaft. Das technische Erfordernis ist dagegen eine Form, in der der technische Hintergrund wirkt. Das technische Erfordernis stellt den direkten Zusammenhang von Wissenschaft und Technik dar. Wie oben erwähnt, wird der Fortschritt der Wissenschaft durch drei Elemente determiniert: die Technik, die Struktur der Natur und die Denkweise. In unserem Fall nimmt der wechselseitige Zusammenhang zwischen Wissenschaft und Technik die Gestalt des technischen Hintergrundes an. Gewiß gibt es auch den Fall, daß dieser Zusammenhang eine Form gewinnt, bei der die Wissenschaft unmittelbar mit der Technik verknüpft ist. Man kann jedoch feststellen, daß die Wissenschaft eher in einer wechselseitigen und vielfältigen Verknüpfung mit der Technik als in direktem Zusammenhang mit ihr voranschreitet.[14]

Einen wichtigen Faktor bei der Formierung der Wissenschaft bildet die Denkweise, weil die Wissenschaft sich als Bestandteil der Kultur entwickelt. Die griechische Wissenschaft war abhängig von der griechischen Denkweise. Die Bildung und Entwicklung der Wissenschaft in der Renaissance hing von der Denkweise der Renaissance ab. Wir würden aber ernsthafte Fehler begehen, wollten wir annehmen, daß einer bestimmten Geschichtsperiode eine bestimmte Denkweise ebenso entspräche wie eine bestimmte Produktionsweise. Die Produktionsweise determiniert unmittelbar nicht nur eine bestimmte Denkweise, sondern in ein und derselben Periode können nebeneinander antagonistische Denkweisen existieren. Das ist insbesondere für das 18. Jahrhundert und später wichtig, so daß man die Analysen mit genügender Sorgfalt vornehmen muß.

Weil der logische Prozeß der Erkundung der Natur und die Denkweise eng zusammenhängen, führt ihre einseitige Behandlung oft zu Fehlern. Bei historischen Analysen sollte man beide Seiten betrachten.[15]

Bei der Entwicklung der Mesonentheorie, die ein zentrales Problem der modernen Physik ist, kamen wir in die wirklich schwierige Lage zu entscheiden, ob die Quantentheorie dort noch gilt oder nicht. Eine gründliche Überprüfung und eine wirksame Strategie sind notwendig, um den Weg zur Überwindung der Schwierigkeiten zu finden. Ein japanisches Sprichwort besagt: „Lachse fängt man nicht immer im seichten Wasser unter der Weide." Gibt uns also der Entwicklungsprozeß der Naturwissenschaft in der Vergangenheit für die heutige Zeit nichts mehr? Wenn das so wäre, dann würde sich die Entwicklung der Wissenschaft auf ein bloßes Aneinanderreihen von Glücksumständen reduzieren. Die Physik ist ein System, und ein selbständiges System sollte seine eigene Logik der Entwicklung haben. Das war schon der Ausgangspunkt für viele Betrachtungen. Als MACH seine Theorie der Wissenschaft ausarbeitete, diskutierte er die Entwicklung der Physik. Aber trotzdem gibt es noch keine wirksame Methode. Zum Beispiel behauptete in der Zwischenzeit BRIDGMAN[16] – unter freudiger Zustimmung von Philosophen –, daß die Physik mehr und mehr operational wird, und CASSIRER sagte, daß die Entwicklung der Wissenschaft auf einer Auflösung der Substanz in die Funktion beruhe. Die Physiker wären völlig fehlgegangen, wenn sie in den letzten zehn Jahren bei ihren Studien solchen Worten vertraut hätten. Meines Erachtens besteht hier ein ernsthafter Mangel.

Aus diesem Grunde wollen wir den Prozeß der Entstehung der NEWTONschen Mechanik betrachten, der sich meines Erachtens in einer typischen Weise vollzog. Es sei vermerkt, daß wir dabei gehalten sind, diese Überlegungen bis zur Anwendung auf die heutigen Probleme weiterzuführen. Die Ohnmacht der bisher vorgeschlagenen Wissenschaftstheorien beruht meines Erachtens gerade auf der Tatsache, daß sie nicht anwendbar sind.

Die moderne Wissenschaftstheorie sollte sich der NEWTONschen Mechanik erneut annehmen, weil sie dadurch in Verwirrung geriet, daß man – geblendet von denjenigen Aspekten der NEWTONschen Mechanik, die durch die Quantenmechanik negiert werden – den Blick für die natürlichen Merkmale der Physik verlor. Im Gegenteil, wir können tatsächlich zu einem tieferen Verständnis der logischen Struktur der Quantenmechanik kommen, wenn wir die gesunden und konstruktiven Aspekte der NEWTONschen Mechanik neu durchdenken.

In der Physik muß vor allen Dingen die Struktur des Objekts, d. h. die Form der Materie, mit der man es zu tun hat, geklärt werden. Im allgemeinen kommen wir bei der Erkenntnis zunächst zum Begriff der Substanz. Gleichzeitig erkennen wir Eigenschaften, die zu dieser Substanz gehören. Die Begriffe „Substanz“ und „Eigenschaft“ sind grundlegend für die Methode, mit der das Objekt behandelt wird. Zum Beispiel sieht SPINOZA in seiner „*Ethik*“ die Substanz als fundamental an, während der Zusammenhang zwischen der Substanz und ihrer *Erscheinung* als Attribut der Substanz betrachtet wird. Das ist aber ein statischer Gesichtspunkt, bei dem die *Erscheinung* nicht konkret durch die Aktion der Substanz vermittelt wird, weil das Attribut als das Korrespondierénde zwischen der Substanz und ihrer *Erscheinung* aufgefaßt wird.

Demgegenüber wurde in neuerer Zeit das Substanzproblem von der entgegengesetzten Seite betrachtet. Zum Beispiel hat CASSIRER versucht, den Substanzbegriff zu eliminieren, indem er ihn völlig im Begriff der Funktion aufgehen läßt. Er sagt, daß der Substanzbegriff ein Hindernis für die eigentliche Erkenntnis wäre. Das war allerdings ein allgemeiner Trend in der Erkenntnistheorie zur Zeit des ausgehenden 19. und des beginnenden 20. Jahrhunderts, wobei man versuchte, die Physik in reine Beziehungen zwischen Symbolen aufzulösen oder zu behaupten, daß die Gleichung alles sei. Dieser Trend wurde hauptsächlich durch oberflächliche Interpretationen der Relativitätstheorie und der Quantenmechanik verstärkt. Weil man Schwierigkeiten hatte, die Bedeutung der Zustandsfunktion in der Quantenmechanik zu begreifen, löste man z. B. die Physik in mathematische Beziehungen und Symbole auf, oder die Theorie wurde wie bei MACH als reine Konvention betrachtet, oder der Begriff wurde wie bei BRIDGMAN lediglich als experimentelle Operation aufgefaßt.

Es ist eine Tatsache, daß Philosophen und Physiker der epistemologischen Interpretation der Quantenmechanik zu viel Aufmerksamkeit widmeten und darüber ihren realen Aufbau vergaßen. Wir müssen zunächst das System kennen, das unser Objekt darstellt. Wir müssen wissen, aus welchen Substanzen das Objekt besteht und welche Wechselwirkungen es zwischen ihnen gibt. Dann erst erfahren wir durch die Quantenmechanik etwas über den „Zustand", der das Verhalten des Systems beschreibt.

Die Tendenz, die Substanz in der Funktion aufzulösen, wurde durch die Entwicklung der Physik der letzten zehn Jahre überwunden. Die Physik schritt über das allseits Bekannte hinaus, wobei sich das Materiebild grundlegend veränderte. Die Philosophen dagegen waren vollauf mit der Interpretation der Quantenmechanik beschäftigt. Immer in dem Moment, in dem sich die Quantenmechanik Schwierigkeiten gegenübersah und man glaubte, sie grundlegend abändern zu müssen, kam es zur Einführung einer neuen Substanz, so daß die Quantenmechanik weiter unverändert blieb. Der Fortschritt vollzog sich mehr in Richtung der Substanz als der Funktion. Auf diese Weise wurden die neuen Substanzen Neutron, Positron, Meson und Neutrino eingeführt. Diese Tatsache widerlegt die Meinung Cassirers: Vom Begriff der Substanz zum Begriff des Gesetzes, das sei das Fazit der modernen Physik. Wir können diese Periode als substantielle Periode der Kernphysik bezeichnen. Jetzt steht die Mesonentheorie vor Problemen. Worin bestehen sie? Um das zu klären, wollen wir den Entstehungsprozeß der Newtonschen Mechanik nochmals durchdenken.

Bereits in Ägypten und Babylon wurde die Bewegung der Planeten ziemlich genau beobachtet. Aus diesen Ergebnissen erhielt man bestimmte Gesetze, die Voraussagen über die künftige Bewegung der Planeten gestatten. Das führte zur Entdeckung der Periodizität der Bewegung der Himmelskörper. Später, zur Zeit der Griechen, nahmen sich Mathematiker der Sache an. Sie betrachteten exzentrische Kreise oder Epizyklen mit der Erde als Mittelpunkt und sogar heliozentrische Modelle und versuchten auf diese Weise, die Bewegung der Planeten vorauszusagen. Viele dieser Modelle waren jedoch rein mathematischer oder von pythagoräischer Natur, wobei die Zahl als das wesentliche angesehen wurde, ohne Bedeutung im Sinne der Substanz.[17] Im Zusammenhang mit der Aufstellung eines Kalenders und anderen Problemen gingen im Zeitalter der Renaissance die astronomischen Beobachtungen schrittweise mehr ins Detail. Es waren die Beobachtungen von TYCHO BRAHE (1546 bis 1601), die fast alle Details lieferten.

Die Ergebnisse dieser Beobachtungen wurden von KEPLER (1571–1630), einem seiner Schüler, unter Ausnutzung des heliozentrischen Weltsystems von COPERNICUS (1473–1543) geordnet. Im Geiste der Renaissance hatte COPERNICUS die heliozentrische Theorie gefördert und sie der intuitiven, dem Alltagsempfinden entsprechenden geozentrischen Theorie aus dem „*Almagest*" des PTOLEMÄUS entgegengesetzt, die während des gesamten Mittelalters vorherrschte. Er führte das Sonnensystem im substantiellen Sinne ein. Indem KEPLER die detaillierten Beobachtungsdaten mit Hilfe dieses Modells ordnete, war es ihm möglich, die drei nach ihm benannten Gesetze abzuleiten. Das bedeutet, daß die phänomenologische Beschreibung von TYCHO BRAHE durch die Einführung eines substantiellen Elements in ihrer *Gesetzmäßigkeit* erfaßt wurde. Das heißt jedoch nicht, daß mit KEPLERS Werk die Methode der Physik erarbeitet war. Da sein Ziel nicht darin bestand, die Natur dynamisch zu erklären, sind bei KEPLER noch viele Überbleibsel der pythagoräischen Anschauungsweise zu finden, über die er im Sinne des substantiellen Modells hinausgegangen war. Seine Methode war induktiv und besagte lediglich, daß die Planeten des Sonnensystems unter definierten Bedingungen definierte Bewegungen ausführen. Sie hat also nur Bedeutung im Sinne des *post hoc*, weil die Erscheinungen nicht durch eine die Bewegung hervorbringende Ursache, d. h. nicht durch Wechselwirkung, vermittelt sind. Die Gesetze wurden nur als Attribute der

Substanz eingeführt und nie auf Erscheinungen wie die Bewegung der Substanzen unter gegenseitiger Wechselwirkung übertragen. Die Substanz hat den Charakter des „*Daseins*". Sie ist spekulativ und intuitiv. Daher wurde die Entdeckung der Jupitermonde durch GALILEI (1564–1642) mit Hilfe seines Teleskops zu einer entscheidenden Stütze für die copernikanische Theorie. Im Unterschied zu dem phänomenologischen Stadium bis TYCHO BRAHE können wir das Werk KEPLERS als das substantielle Stadium charakterisieren.[18]

Zur gleichen Zeit leitete in Italien, wo die Produktionstechnik bemerkenswert weit entwickelt war, GALILEI die Mechanik aus der Technik ab und schmiedete aus ihr eine Waffe für den Angriff auf das mittelalterliche Denken. Obwohl Beziehungen zwischen Kräften in Form der Statik seit dem griechischen Zeitalter bekannt sind, ist die Dynamik eine Schöpfung GALILEIS. GALILEI fand die Bewegungsgesetze, wobei er den Kraftbegriff entwickelte. Bis zu dieser Zeit war die Kraft nur als Druck bekannt. Jedoch wird durch GALILEI die Vermittlung der Bewegung durch die Kraft nicht vollständig ausformuliert. Für ihn war es von größerer Wichtigkeit, die Bewegungsgesetze experimentell zu kennen, bevor die Ursache der Fallbewegung betrachtet wird. Die Vermittlung der Bewegung durch die verursachende Kraft war für ihn weniger wichtig und später zu untersuchen. Er diskutierte dieses Problem zwar beim Vergleich zwischen den jeweiligen Beschleunigungen auf verschiedenen schiefen Ebenen (wie auch zwischen der Beschleunigung auf einer schiefen Ebene und im freien Fall), indem er die jeweils wirksame Schwerkraft betrachtete. Von seiner noch recht unvollkommenen Diskussion muß man aber sagen, daß sie im wesentlichen auf eine Vermittlung über den empirischen Energiesatz hinauslief, nach dem die Fallgeschwindigkeit bei gleicher Höhe von der Neigung der schiefen Ebene unabhängig ist. Das heißt, daß bei GALILEI die Bewegung der Materie auf der Erde als Attribut der Substanz gegeben war und nicht durch das eigentlich Wesentliche vermittelt wurde. Was diesen Punkt betrifft, kann man von GALILEI ebenfalls sagen, daß er sich im substantiellen Stadium befand. Allerdings trug gerade er dazu bei, über die Behandlung der Bewegungsgesetze als Attribut der Materie hinauszugehen, indem er die materiellen Körper verschiedenen Bedingungen aussetzte und jede Bedingung mit der entsprechenden Erscheinung verknüpfte, d. h., er erforschte den logischen Zusammenhang der verschiedenen Experimente. Ein Schritt, den GALILEI offensichtlich über das substantielle Stadium hinaus tat, besteht darin, daß er die frühere Vorstellung von der Kraft abbaute und feststellte, daß Kraft ausschließlich mit Beschleunigung zusammenhängt, wodurch er die Richtung wies, in der diese Verknüpfung zu suchen ist, ohne ihre konkreten Eigenschaften zu klären.

Eine Einschränkung der GALILEIschen Mechanik besteht darin, daß sie sich im wesentlichen nur mit dem Einkörperproblem befaßte. Bei der Weiterentwicklung von GALILEIS Mechanik im Sinne der Verknüpfung der Kraft mit der Bewegung machte HUYGENS wichtige Fortschritte. Auch DESCARTES trug sicher dazu bei.

Die beiden substantiellen Erkenntnisse von GALILEI und KEPLER waren jeweils auf die Gesetze der Erde bzw. des Himmels begrenzt und mußten in allgemeingültiges und wesentliches Wissen übertragen werden. NEWTON (1642—1727) konkretisierte den Kraftbegriff, der für die gegenseitige Wechselwirkung zwischen Substanzen wesentlich ist. Über die Bewegung und über die mit der Bewegung verknüpfte Beschleunigung erfaßte er auch die Beziehung zwischen Masse (als substantieller Quantität der Materie) und Kraft (als gegenseitiger Wechselwirkung zwischen den Substanzen). Er stellte andererseits das Gesetz der Gravitation der Massen als allgemeines Wechselwirkungsgesetz zwischen verschiedenen materiellen Objekten auf. Dadurch wurde es umfassend möglich, jedes materielle Objekt mit der Bewegung als seiner Erscheinungsform in Beziehung zu setzen, unabhängig davon, in welcher Beziehung es sich mit anderen Objekten befindet. An dieser Stelle befreite sich die Physik von speziellen Einschränkungen und erreichte den Charakter einer allgemeinen Erkenntnis. Das heißt, sie erhielt einen deduktiven Charakter im Sinne des *propter hoc.* Man konnte jetzt die Störungstheorie anwenden, um die Einzelheiten der Mondbewegung, die Gezeitenbewegung, die Abweichungen der Planetenbewegung von den KEPLERschen Gesetzen usw. abzuleiten. Dieses theoretische Stadium ist insbesondere durch die Entdeckung des Neptun gekennzeichnet, die möglich wurde, nachdem man seine genaue Position aus der Bewegung des Uranus vorhergesagt hatte. Nach der Denkweise KEPLERS hätte die Bewegung des Uranus nur bedeuten können, daß sie Gesetzen gehorcht, die komplizierter als die KEPLERschen Gesetze sind. Die NEWTONsche Mechanik lieferte jedoch Schritt für Schritt weitaus glänzendere Resultate als die Entdeckung des Neptun. Ich meine damit die Entwicklung der Technik in der modernen Zeit. Auf diese Weise wurde die NEWTONsche Mechanik durch die Praxis überprüft, indem sie gleichzeitig unsere Praxis sicherte.

Aus dem oben Gesagten wird klar, daß der Prozeß der Naturerkenntnis aus drei Stadien besteht. Im ersten Stadium erfolgt eine Beschreibung der Phänomene, eine Beschreibung der experimentellen Resultate. In diesem Stadium werden die Phänomene nicht durch ihre Verknüpfung mit anderen, inneren Tatsachen erklärt, sondern die verschiedenen Kenntnisse über die Phänomene werden nur akkumuliert. Vom Standpunkt des Urteils entspricht das dem Urteil der Einzelheit im HEGELschen Begriffsgebäude. Es ist das Stadium der Beschreibung einzelner Tatsachen, entsprechend dem positiven Urteil des *Daseins.* Es ist das „*An sich*". Ich nenne dieses Stadium das phänomenologische Stadium. TYCHO BRAHE gehört hierher.

Im zweiten Stadium ist die substantielle Struktur bekannt, die die Phänomene hervorruft. Mit ihrer Hilfe wird die Beschreibung der Phänomene geordnet, um die

Gesetzmäßigkeit zu erhalten. Jedoch beschreibt dieses Wissen um die *Gesetzmäßigkeit* nur die Aufeinanderfolge von Ereignissen und bedeutet noch nicht, daß ein Ereignis notwendig auf ein anderes folgt. Dieses Stadium ist also durch das Wort *post hoc* gekennzeichnet. Es entspricht dem Urteil der Besonderheit in der HEGELschen Terminologie. Es drückt aus, daß eine besondere Struktur unter besonderen Umständen besondere Erscheinungsformen hat. Das ist das Stadium des „*Für sich*", in dem ein Gesetz die Bedeutung eines Attributes der Substanz hat und an die Substanz geknüpft ist. Ich bezeichne dieses Stadium als substantielles Stadium. KEPLER gehört in dieses Stadium. Die Logik dieses Stadiums entspricht der Philosophie SPINOZAS.

Im dritten Stadium dringt die Erkenntnis durch Vermittlung des substantiellen Stadiums zum Wesen vor. Am Beispiel NEWTONS wurde gezeigt, daß in diesem Stadium das Gesetz der gegenseitigen Wechselwirkungen zwischen den Substanzen erkannt und das Gesetz der Erscheinungen aus der notwendigen Bewegung der Substanzen unter diesen gegenseitigen Wechselwirkungen abgeleitet wird. Das ist das Stadium des „*An und für sich*", das durch das Wort „*propter hoc*" charakterisiert wird. Es entspricht dem Urteil der Allgemeinheit in der Terminologie HEGELS, dem Urteil des Begriffs. In diesem Stadium wird geklärt, welche Erscheinungsformen eine Substanz bei beliebig vorgegebener Struktur und unter beliebig vorgegebenen Bedingungen hervorbringt. Ich nenne dieses Stadium das essentielle Stadium.

Der Entwicklungsprozeß vom substantiellen zum essentiellen Stadium erfolgt durch Aufhebung des substantiellen Moments, wobei die substantielle Form des Gesetzes negiert wird, während die Substanz selbst beibehalten wird. Im essentiellen Stadium kommt der dem Wissen innewohnende logische Charakter zum Vorschein. Man denke zum Beispiel an die Differentialgleichung in der NEWTONschen Mechanik. Wenn man sie nicht in einem räumlich strukturellen Bezug sieht, ist man geneigt, nur an eine Negation des Substantiellen und damit an seine Auflösung in das Gegenteil, in die Funktion, zu denken, wie das CASSIRER tat. In Wahrheit ist die Logik der Substanz in der Logik des Essentiellen aufgehoben.

Die physikalische Erkenntnis verläuft also nicht gleichförmig im Sinne des Nacheinander, sondern in einer Folge von Schraubenwindungen, die sich jeweils aus diesen drei Stadien zusammensetzen. Anders gesagt: der Prozeß verläuft so, daß das essentielle Stadium einer Windung — wenn man es von der in Richtung des Fortschritts nächstfolgenden Windung aus betrachtet — ein phänomenologisches Stadium darstellt. Die universelle Gravitation NEWTONS war als Fernwirkung selbst phänomenologisch. Den Ursprung der Anziehung zwischen Himmelskörpern versuchten DESCARTES, HUYGENS und andere zum Beispiel durch Ätherwirbel zu erklären, ohne zu irgendwelchen fruchtbaren Ergebnissen zu gelangen. Andererseits erhielt NEWTON fruchtbare Ergebnisse, indem er zunächst phänomenologisch untersuchte, welche Kraft wirkt. Eine solche Betrachtungsweise wird jedoch metaphysisch, wenn man bei ihr stehen bleibt. Die Wissenschaft bewegt sich ständig in Richtung der Ursache, d. h. zu wesentlicherem Wissen. Was die Fernwirkung betrifft, so geschah das durch die Feldtheorie. Wenn man andererseits ohne ausreichendes phänomenologisches Wissen sofort über die Ursache nachdenkt, kommt man auch zur Metaphysik. Es ist unmöglich, in einem einzigen Sprung zum essentiellen Wissen zu gelangen. Wenn man das jedoch fälschlicherweise tut, wird man zu der Auffassung geführt, daß die Wissenschaft nur eine Beschreibung von Erscheinungen sei.

Ich habe hier diese drei Stadien in ihrem logischen Verhältnis vorgestellt. In Wirklichkeit *erscheint* ihre Logik in verschiedenen Formen, in Übereinstimmung mit der aktuellen Situation. Wir dürfen diese drei Stadien nicht starr betrachten, weil sie aufgrund der Beschränkungen, die durch jedes Objekt und durch die Erkenntnispraxis hinzukommen, verschiedene Formen annehmen.

Es gibt drei Formen des Überganges vom substantiellen zum essentiellen Stadium. Die erste Form liegt vor, wenn die Einführung einer Substanz unmittelbar zum essentiellen Stadium führt. In diesem Fall hat die Substanz keine neue Qualität. Die Annahme der Existenz des Neptun, die Stereochemie und die Theorie der Struktur der Materie sind Beispiele dafür.

Bei der zweiten Form löst sich die Substanz vollständig im Funktionellen auf. Umgekehrt ausgedrückt: das Funktionelle wird als Substanz genommen. Phlogiston und Äther sind gute Beispiele hierfür.

Der dritte Fall liegt vor, wenn es sich um eine völlig neue Substanz handelt, die eine neue Logik erfordert. Die Bewegungsgleichung in der NEWTONschen Mechanik, die Quantenmechanik für Atome usw. sind solche Beispiele. Wie später noch erläutert wird, können die verschiedenen neuen Elementarteilchen in der Kernphysik auch von dieser Art sein.

Wir haben also über die logische Abfolge bei der Erkenntnis der Natur Klarheit gewonnen. Diese logische Abfolge tritt in komplizierter Verknüpfung mit anderen Faktoren auf. Ein recht interessanter Fall, der eine sorgfältige Analyse erfordert, liegt vor, wenn die Wissenschaft für eine bestimmte Zeit zu falschen Erkenntnissen gelangte. Zum Beispiel ergab sich das Phlogiston aus dem atomistischen Denken der Manufakturperiode. Es wurde von LAVOISIER durch sorgfältige Untersuchung der chemischen Verbindungen in die Funktion aufgelöst. Oft schließt man einfach, daß dies auf einen für die Manufakturperiode charakteristischen Denkfehler zurückzuführen sei. Das ist jedoch nicht so, weil, wie schon erwähnt, die logische Entwicklung des menschlichen Wissens das Objekt zunächst als Substanz erfaßt. Zum Beweis denken wir daran, daß man die falsche Substanz Äther genau zu der Zeit einführte, als das Phlogiston negiert wurde. Und gerade in der Zeit, als der Äther verschwand, wurde die Existenz von Atomen und Molekülen nachgewiesen.[1]

[1] Für eine detaillierte Diskussion dieser Frage vgl. S. 91: M. TAKETANI, Lichtquanten und spezielle Relativitätstheorie.

Wegen der bereits erwähnten Einführung verschiedener Substanzen befindet sich die Kernphysik im substantiellen Stadium. Ihre gegenwärtigen Schwierigkeiten bestehen meines Erachtens darin, in Übereinstimmung mit den neueren Fortschritten der Mesonentheorie den Weg zum essentiellen Stadium zu suchen. Der Übergang vom substantiellen zum essentiellen Stadium vollzieht sich zunächst durch Ordnen der Dinge auf substantiellem Wege. Mithin sind die substantiellen Eigenschaften des Mesonenfeldes und der schweren Teilchen, das Problem der für sie geltenden Gleichungen, die Anwendbarkeit von Näherungsmethoden in der Quantentheorie der Strahlung und sogar das Problem der Gültigkeit der Quantenmechanik selbst so miteinander verknüpft, daß sorgfältige Analysen notwendig sind. Wir können daher schlußfolgern, daß der Prozeß der Entstehung der NEWTONschen Mechanik uns die Logik für das Herangehen an die heutigen Probleme gibt.

5. Bemerkungen zu von Neumanns Theorie des Meßprozesses[1])[19]

M. Taketani

Manche Leute sind der Meinung, die Beschäftigung mit dem Problem des Meßprozesses in der Quantenmechanik sei unproduktiv. Ich teile diese Meinung, weil die Analyse des Meßprozesses lediglich die Konsistenz der Quantenmechanik nachweist. Wenn wir unsere Überlegungen allein auf das Problem des Meßprozesses beschränken, wird es uns nicht gelingen, den Durchbruch zu einer neuen Welt zu finden.

Eine Analyse des Meßprozesses kann dann und nur dann produktiv sein, wenn die Entwicklung der Theorie ein bestimmtes Stadium erreicht hat. Stellen wir uns den Fall vor, daß ein Widerspruch zwischen Erscheinungen, der seinen Ursprung in einem Widerspruch zwischen den zugrunde liegenden Begriffen hat, noch nicht als Widerspruch zwischen diesen Begriffen offenbar geworden ist, so daß wir uns über den Weg zur Lösung des Widerspruchs noch nicht sicher sind. Dann hilft eine Analyse des Meßprozesses, den Widerspruch zwischen den zugrunde liegenden Begriffen aufzudecken und die Richtung der Lösung zu weisen.

Ich muß aber bemerken, daß qualitative Fortschritte der physikalischen Theorie nur in einem bestimmten Entwicklungsstadium der Theorie möglich sind. Wir erinnern uns an die bekannten Beispiele aus der Anfangszeit von Einsteins spezieller Relativitätstheorie und auch der Quantenmechnik. Bridgman verkannte das

[1]) Vortrag auf einem Symposium des Gakujutsu Kenkyu Kaigi (Nationalen Forschungsrats), gehalten am 14. 10. 1942; publiziert als Teil 2 des Artikels: Observation Problem of Quantum Mechanics, in: Prog. Theor. Phys. Suppl. No. 50 (1971) 65.

Problem, als er sagte, daß eine Analyse des Meßprozesses in allen Entwicklungsstadien der Physik produktiv sei.

In der Mesonentheorie stoßen wir gegenwärtig auf Schwierigkeiten. Ich glaube zwar, daß wir nahe daran sind, diese Schwierigkeiten, wenn auch noch nicht vollständig, zu verstehen. Trotzdem haben sich diese Probleme noch nicht klar genug in der Form eines Widerspruches zwischen Grundbegriffen herausgeschält, wie das bei den Begriffen Welle und Teilchen in der Quantenmechanik der Fall ist. Daher vermute ich, daß die Zeit kommen könnte, in der der Meßprozeß erneut analysiert wird. Vor kurzem lenkte YUKAWA seine Gedanken in diese Richtung (Kagaku 12 (1942) 246, 282 und 322, jap.). Sollten die Versuche in dieser Richtung zu wichtigen Resultaten führen, dann wird der Meßprozeß wieder ein ergiebiges Forschungsgebiet werden. Wie ich aber schon sagte, wird die Analyse des Meßprozesses nicht der einzige Weg zum Fortschritt sein. Ich glaube, daß der Hauptteil unserer Untersuchungen sich auf die Analyse realer Probleme konzentrieren sollte.

Das Meßproblem der Quantenmechanik wurde überbetont, weil es wegen seiner bemerkenswerten Konsequenzen und wegen bestimmter Tendenzen der damaligen Philosophie überschätzt und mißverstanden wurde. Die Tendenz der Philosophie bestand in den letzten Jahren in einer Abkehr von den alten epistemologischen Untersuchungen und in einer Hinwendung zum Positivismus, wobei das Interesse hauptsächlich dem Problem der Praxis galt. In dieser Hinsicht ist es bezeichnend, daß sich die Philosophen vor allem für die sogenannte subjektive Einwirkung des Beobachters während des Meßprozesses in der Quantenmechanik interessierten. Ohne die theoretische Struktur der Quantenmechanik selbst zu analysieren, redeten die Philosophen von der Einwirkung des Subjekts, wobei sie sich auf die anfänglich subjektivistische Interpretation der Unschärferelation beriefen. Dieser Trend in der Philosophie verführte auch einige Physiker dazu, daß sie, ohne die Quantenmechanik selbst tiefgehender zu durchdenken, die Existenz einer Einwirkung des Subjekts akzeptierten.

Ich muß hier erwähnen, daß es unter den Physikern viele Meinungen zum Beobachtungsproblem gibt. Deshalb sollte selbst jemand, der nicht Physiker ist, meines Erachtens die Punkte kennen, in denen die Meinungen der Physiker übereinstimmen. Hier möchte ich meine Ansicht zum Problem darlegen und zur Diskussion stellen.

Den Ausgangspunkt bildet die Theorie VON NEUMANNS. (vgl: J. VON NEUMANN, Mathematische Grundlagen der Quantenmechanik, Berlin 1932). Dabei ist die Feststellung wichtig, daß seine Theorie nur einen mathematischen Beweis für die theoretische Konsistenz der Quantenmechanik liefert und für das eigentliche Beobachtungsproblem irrelevant ist. Das wird oft nicht richtig verstanden.

Für ein physikalisches System gibt es im allgemeinen zwei Typen von Zustandsänderungen:

Prozeß 1: Zustandsänderung infolge einer Beobachtung, irreversibel und nicht-kausal;

Prozeß 2: Zustandsänderung entsprechend der SCHRÖDINGER-Gleichung, reversibel und kausal.

Wie VON NEUMANN zeigte, nimmt die Entropie des Systems nur bei Prozessen vom Typ (1) zu, während sie bei Prozessen vom Typ (2) konstant bleibt. Man könnte deshalb meinen, daß es einzig und allein der Meßprozeß ist, der eine Richtung in der Zeit bestimmt. Wie man aber leicht sieht, ist es nicht die sogenannte Einwirkung des Subjekts, d. h. die Beobachtung im allgemeinen, die die Zeitrichtung festlegt; denn es gibt beispielsweise Messungen, die den Quantenzustand des Systems nicht verändern. Ein Meßvorgang, der einen Übergang von einem reinen Zustand in einen reinen Zustand induziert, ist ein reversibler Prozeß. Daran erkennen wir, daß die Charakteristika des betreffenden Meßprozesses durch die Struktur des Objektes und das Meßgerät bestimmt sind.

Bei seiner Argumentation zum Meßprozeß unterteilt von NEUMANN das gesamte Universum in drei Teile:

I. (Objekt) + II. (Instrument) + III. (Beobachter) = Universum.

Die Teile I und II sind physikalische Systeme. Im Zusammenhang mit der Messung einer Größe A untersucht er eine Relation zwischen der Größe A im System I, im System II und im zusammengesetzten System (I + II). Da wir bei der Messung der Größe A in II und bei der Messung der Größe A in I das gleiche Resultat erhalten, führt seine Argumentation zu der Schlußfolgerung, daß der Schnitt zwischen Objekt und Beobachter entweder zwischen I und II oder zwischen (I + II) und III gelegt werden kann, wobei sich das gleiche Resultat ergibt. VON NEUMANN sagt, daß dies die Basis des psychophysikalischen Parallelismus ist, ein Gedanke, der auf BOHR zurückgeht.

Zur Erläuterung betrachten wir ein Experiment, bei dem ein Thermometer die Temperatur des Objektes mißt. Die Skala wird mit dem Auge abgelesen, die Information wird über das Nervensystem zum Gehirn übertragen, und schließlich nimmt das absolute „Ich" die Erkenntnis auf und fällt ein Urteil. Wir haben hier eine Folge von Dingen wie Objekt, Thermometer, Licht, Auge, Nervensystem, Gehirn, absolutes „Ich", wobei der Schnitt zwischen Objekt und Beobachter an jeder Stelle dieser Folge liegen kann. Jede dieser Möglichkeiten wird für die Messung der Größe A des Objektes das gleiche Resultat liefern.

Dieser Standpunkt von NEUMANNS bringt einerseits die Objektivität der Beobachtung zum Ausdruck. Das heißt, der Beobachtungsprozeß kann immer objektiv sein. Andererseits wird bei dieser Argumentation der Beobachter als ein subjektives Wesen aufgefaßt, das ein absolutes „Ich" enthält. Hierin liegt eine der Wurzeln für den Standpunkt, bei dem von einer Einwirkung des Subjektes gesprochen wird.

VON NEUMANN lieferte mit seiner Theorie den Beweis

für folgenden Satz über die Kopplung der Systeme I und II zu (I + II): Befindet sich das System I oder das System II in einem reinen Zustand, dann ist der Zustand des Systems (I + II) eindeutig bestimmt. Wenn sich jedoch (I + II) in einem reinen Zustand befindet, dann gehen bei einer Trennung des zusammengesetzten Systems (I + II) die beiden Teilsysteme I und II in gemischte Zustände über. Diese These ermöglichte ihm die Formulierung einer Theorie, in der der Meßprozeß als etwas Objektives behandelt wird. In dieser Hinsicht ist seine Theorie rationalistisch.

Für den Fall der Messung des Zustandes eines Atoms wurden die obengenannten Gedanken von PAULI konkretisiert. Dabei betrachtete er das berühmte Experiment von STERN und GERLACH als Beispiel eines Meßprozesses.

Aber all diese Theorien klären auf Grund ihrer Prämissen nur die logische Struktur der Quantenmechanik, während sie keine wirkliche und konkrete Behandlung des quantenmechanischen Meßprozesses geben. Diese Frage wurde zuerst von SCHRÖDINGER in Form seines bekannten Paradoxons der Katze aufgeworfen.

In diesem Falle betrachtet man die Folge:

radioaktive Substanz → α-Teilchen → Zähler → Relais → Ampulle mit Blausäure → Katze.

Das Gesamtsystem sei durch die Wellenfunktion ψ beschrieben. Nehmen wir an, ψ_L gelte für den Zustand „lebende Katze“ und ψ_T für den Zustand „tote Katze“, dann gilt:

$$\psi = a(t)\,\psi_L + b(t)\,\psi_T.$$

Die Gleichung bedeutet, daß die Katze zur Hälfte lebt und zur Hälfte tot ist. Die Katze ist weder lebendig noch tot, sondern in einem intermediären Zustand, der eine Superposition von Leben und Tod darstellt. Leben und Tod wird dann bestimmt, wenn jemand den Kasten öffnet und die Katze sieht. Das bedeutet, die Reduktion des Wellenpaketes erfolgt im Moment des Öffnens.

Ist es dann möglich, den mit der Beobachtung verbundenen Schnitt in der obigen Folge an die Stelle zu legen, an der ein Beobachter den Kasten mit der Katze öffnet, wie es aus der Theorie VON NEUMANNS folgt? Wenn das Öffnen des Kastens als eine quantenmechanische Beobachtung definiert wird, dann widerspricht das gewiß unserer Erfahrung. Die Katze ist mit Sicherheit tot oder lebendig, bevor der Kasten geöffnet wird. Das ist das Paradoxon von SCHRÖDINGER.

Lassen Sie mich meinen Standpunkt zu diesem Paradoxon darlegen. Der Kerngedanke meiner Auffassung ist, daß die Zustände „lebende Katze" oder „tote Katze" nichts mit dem Begriff des Eigenzustandes oder des Eigenwertes in der Quantenmechanik zu tun haben. Ich meine auch, daß die Anzeige der Nadel eines Instrumentes, einschließlich eines Zählers, eines mechanischen Zählwerkes usw. keine Eigenwerte im Sinne der Quantenmechanik sind.

Ein α-Teilchen wird emittiert, gelangt in den Detektor und löst die Anlage aus. Das Instrument verstärkt dann das Signal und speichert die Information. Während dieses Meßprozesses wird die Information über den Zustand des α-Teilchens in anderer Weise übertragen als VON NEUMANN in seiner Theorie annimmt. Diese Übertragung entspricht nicht dem Schema Eigenwert $\rightarrow$ Eigenwert wie in der VON NEUMANNschen Theorie. Ich denke, daß sich vielmehr aus einer großen Anzahl von quantenmechanischen Eigenzuständen des Systems so etwas wie ein „Schatten" des Eigenwertes des α-Teilchens bildet. Das ist der eigentliche Meßprozeß. Aus diesem Grunde ist die Lage des Schnittes zwischen Objekt und Beobachter nicht willkürlich, sondern objektiv bestimmt.

Beim STERN-GERLACH-Versuch z. B. wird in den Theorien von VON NEUMANN und PAULI die Messung als Prozeß der Aufspaltung eines Strahles in zwei Komponenten aufgefaßt. In diesem Falle können wir die beiden getrennten Strahlen zu einem Strahl superponieren und damit die

Erscheinung umkehren. Folglich können wir den gesamten Prozeß umkehren, indem wir in dem System II (Instrument) eine geeignete Superposition vornehmen. Das Charakteristikum einer wirklichen Beobachtung besteht aber gerade in ihrer Irreversibilität, wie am Beispiel des Nachweises eines α-Teilchens mit Hilfe eines Zählers gezeigt wurde.

Wenn wir am System II von von Neumann und Pauli eine Messung durchführen, erfährt der Zustand von II eine Reduktion des Wellenpaketes. Bei einem wirklichen Meßprozeß führt die Beobachtung beim Ablesen einer Apparatur aber nicht zu einer solchen Reduktion eines Wellenpaketes. Natürlich gibt es einen Reduktionsprozeß in einem anderen Sinne, z. B. wird durch das Licht, das den Zeiger eines mechanischen Meßinstrumentes beleuchtet, das Wellenpaket eines zum Zeiger gehörigen Elektrons reduziert. Das hat jedoch keinen wesentlichen Einfluß auf die Stellung des Zeigers, die einen „Schatten" des Zustands des α-Teilchens darstellt. Auch beim Beispiel von Schrödingers Katze mag der im Öffnen des Kastens bestehende Meßprozeß die Reduktion eines Elektronenzustandes im Fell der Katze hervorrufen. Das hat jedoch nichts mit Leben oder Tod der Katze zu tun. Mit anderen Worten, die von Neumannsche Folge I, II und III führt auf das äußerst komplexe System der unendlich vielen Elektronen im Fell der Katze. Diese Folge hat aber nichts mit Leben oder Tod der Katze zu tun.

Mit dieser Argumentation begreifen wir nun den physikalischen Inhalt der Wellenfunktion ψ des Gesamtsystems. Ich bin nicht der Meinung, daß ψ bedeutungslos wird, wenn es keinen äußeren Beobachter gibt. Wir können die Wellenfunktion des Gesamtsystems einschließlich des mechanischen Zählwerkes logisch angeben. Wichtig ist hierbei aber, daß die Position des Zeigers unseres mechanischen Zählwerkes keinen quantenmechanischen Eigenwert darstellt.

Daher ziehe ich den Schluß, daß das wesentliche in der

Irreversibilität liegt. Die Argumente von VON NEUMANN und PAULI gelten nur für den reversiblen Teil des Meßprozesses. Der wirkliche Meßvorgang als Ganzes enthält jedoch eine irreversible Veränderung, und hierin besteht die Besonderheit des Meßgerätes in der Quantenmechanik.

In der Quantenmechanik gab es anfangs die Tendenz, die quantenmechanische Beobachtung als etwas Subjektives verstehen zu wollen. Etwa seit 1930 wird der Meßprozeß zunehmend als etwas Objektives interpretiert. Zum Beispiel weist BOHR in seiner Arbeit aus dem Jahre 1937 auf die klassische Natur des Meßgerätes und auf die Existenz eines objektiven Schnittes zwischen Objekt und klassischem Instrument hin. Er erwähnt die klassische Natur des Instruments jedoch nur im Sinne seiner großen Masse und geht nicht auf die Irreversibilität des Meßprozesses ein, auf die ich an dieser Stelle hinweisen wollte.

6. Lichtquanten und spezielle Relativitätstheorie[1])[20]

M. TAKETANI

Bis heute wurde die Einführung der speziellen Relativitätstheorie durch EINSTEIN lediglich rein machistisch, idealistisch interpretiert. Von den Grundprinzipien des MACHschen Empirizismus ausgehend, daß die Aufgabe der Physik nicht darin bestehe, über Objekte zu diskutieren, sondern nur darin, unsere Sinnesempfindungen zu ordnen und aufzuzeichnen, behauptet man, daß die Relativitätstheorie „phänomenologisch" durch Ausschluß des nicht faßbaren und nicht beobachtbaren Äthers aus der Physik entstand.

Wenn wir aber EINSTEINS Arbeiten und Vorträge sorgfältiger durchsehen, müssen wir eingestehen, daß man dort derartige, durch den MACHschen Empirizismus beeinflußte Gedanken kaum findet. Heute wird klar, daß die empirizistische Interpretation der Relativitätstheorie von anderen Leuten und nicht von EINSTEIN selbst stammt. Ich möchte vielmehr behaupten, daß er ein realistischer Denker mit religiösen Tendenzen war, wie wir sie auch bei M. PLANCK finden.

Insbesondere bis zum Jahre 1910, als die Theorie der Lichtquanten noch ihren substantiellen Charakter besaß, hatte EINSTEIN recht realistische Anschauungen.

Obwohl seine Theorie der Lichtquanten und die spezielle Relativitätstheorie beide im Jahre 1905 erschienen, nahm man im allgemeinen an, daß sie voneinander unabhängig waren. Auch DE BROGLIE stellt in seinem Buch „Materie und Licht" fest: „Die erste Ent-

---

[1]) Aus dem Buch des Autors: Quantenmechanik. Historischer Hintergrund und logische Struktur, Tokio 1948 (jap.).

wicklung der Quantentheorie (1900—1916) vollzog sich vollständig unabhängig von den Ideen der Relativität" [1].

Die tieferliegende Beziehung zwischen beiden Theorien ist jedoch bemerkenswert. EINSTEIN stellte seine Hypothese über die Lichtquanten im März 1905 auf, während seine einführende Arbeit über die spezielle Relativitätstheorie „*Zur Elektrodynamik bewegter Körper*" [2] im Juni desselben Jahres herauskam. Sollen wir dieses Zusammentreffen für zufällig halten und darüber hinweggehen?

Wir können tatsächlich zeigen, daß EINSTEIN den Äther nicht nur auf Grund des Experimentes von MICHELSON und MORLEY, sondern auch vom Standpunkt der Lichtquanten aus ablehnte. EINSTEIN faßte die Idee der Lichtquanten etwa so auf wie die NEWTONsche Emanationstheorie des Lichtes. Diese Idee unterschied sich völlig von der traditionellen Ansicht, die das Licht als elastische Welle des Äthers betrachtete, und ist mit ihr unvereinbar. Mit der Hypothese, daß das Licht eine Ätherschwingung darstellt, ist es unmöglich, das Licht wie Moleküle eines Gases zu behandeln, was EINSTEIN mit der Anwendung der kinetischen Theorie tat. Weiterhin behauptet EINSTEIN bereits in einer seiner ersten Arbeiten, daß die klassische Elektrodynamik und die Lichtquantenhypothese kaum miteinander vereinbar sind [3]. In dieser Arbeit behandelt er das Licht nicht wie eine Ätherschwingung. Daher kann man mit gutem Grund sagen, daß EINSTEINS erster Versuch, den Äther zu negieren, nicht in seiner Arbeit über die Relativität, sondern in der Abhandlung über die Lichtquanten zu finden ist.

Nachdem feststand, daß das Medium „Äther" nicht existiert, wurde es notwendig, eine neue, vom Äther unabhängige Theorie zu schaffen. Der Äther wurde also nicht von einem negierenden Standpunkt aus auf Grund seiner Nichtbeobachtbarkeit einfach abgelehnt, wie es der MACHsche Empirizismus behauptet.

Die Rolle des Äthers, den man ursprünglich gebraucht hatte, um die Eigenschaften des Lichtes oder des elektromagnetischen Feldes in der Materie zu betrachten, wurde zuerst in der Theorie des Elektrons von LORENTZ auf eine bestimmte Substanz und deren atomistische Bewegung übertragen. Damit war eines der widersprüchlichsten Merkmale des Äthers beseitigt. Bei der Behandlung des Lichtes oder des elektromagnetischen Feldes im Vakuum blieb er jedoch bei dem absolut ruhenden Äther. Aber auch diese Rolle des Äthers wurde von einer bestimmten Substanz, dem Lichtquant, und dessen Bewegung übernommen. Deshalb war die Ablehnung des Äthers der erste Schritt zu einer materialistischen Lösung und sollte nicht einfach als Ergebnis sensualistischer Leitprinzipien angesehen werden. In seiner ersten Arbeit über die Relativität [2] war EINSTEIN zu zurückhaltend, um seine Theorie der Lichtquanten als das darzustellen, was sie war. Aber im Paragraphen 8 der Arbeit, der sich mit der „Transformation der Energie der Lichtstrahlen und der Theorie des Strahlungsdruckes auf einen idealen Reflektor" beschäftigte, dachte er wohl nicht nur an die Wellentheorie des Lichtes, wenn er den Ausdruck „*bestimmte Lichtkomplexe*" benutzte.

Die oben erwähnte Wechselbeziehung zwischen den beiden Theorien über die Lichtquanten und die Relativität offenbart sich am eindeutigsten in seiner Arbeit aus dem Jahre 1909 mit dem Titel „*Über die Entwicklung unserer Anschauungen über das Wesen und die Konstitution der Strahlung*" [4], in der er das Verhältnis von Ätherproblematik und Lichtquanten diskutierte.

Er sagte: „*Heute aber müssen wir wohl die Ätherhypothese als einen überwundenen Standpunkt ansehen. Es ist sogar unleugbar, daß es eine ausgedehnte Gruppe von die Strahlung betreffenden Tatsachen gibt, welche zeigen, daß dem Lichte gewisse fundamentale Eigenschaften zukommen, die sich weit eher vom Standpunkt der* NEWTON*schen Emissionstheorie des Lichtes als vom Standpunkt der Undulationstheorie begreifen lassen.*"

Er fährt dann mit der Diskussion der Geschichte der Ätherhypothese und des Experiments von MICHELSON und MORLEY fort, um nach der folgerichtigen Ablehnung des Äthers das elektromagnetische Feld zu diskutieren, wobei er sagt: „*Daraus folgt, daß man zu einer befriedigenden Theorie nur dann gelangen kann, wenn man auf die Ätherhypothese verzichtet. Die das Licht konstituierenden elektromagnetischen Felder erschienen dann nicht mehr als Zustände eines hypothetischen Mediums, sondern als selbständige Gebilde, welche von den Lichtquellen ausgesandt werden, gerade wie nach der* NEWTON*schen Emissionstheorie des Lichtes. Ebenso wie gemäß letzterer Theorie erscheint ein nicht von Strahlung durchsetzter, von ponderabler Materie freier Raum wirklich als leer.*“ Damit ist bewiesen, daß die Ablehnung des Äthers und die Hypothese der Lichtquanten miteinander verknüpft sind.

Anschließend zeigt er auf der Grundlage der Relativitätstheorie, daß ein Körper die Masse L/c^2 verliert, wenn er die Strahlungsenergie L emittiert:

Wir nehmen an, daß ein ruhender Körper mit der Anfangsenergie E_0 den gleichen Betrag an Strahlungsenergie in entgegengesetzte Richtungen emittiert, so daß er die Endenergie E_1 hat. Nach dem Energieerhaltungssatz gilt die Beziehung

$$E_0 = E_1 + L. \tag{1}$$

Wir wollen denselben Prozeß in einem neuen Koordinatensystem betrachten, das sich relativ zu dem Körper mit der Geschwindigkeit v bewegt. Wir kennzeichnen alle Größen in diesem System durch Striche und erhalten aus der Relativitätstheorie für die Strahlungsenergie

$$L' = L \cdot \frac{1}{\sqrt{1 - v^2/c^2}}.$$

Weil der Energieerhaltungssatz auch im neuen System gelten muß, ergibt sich

$$E_0' = E_1' + L \frac{1}{\sqrt{1 - v^2/c^2}}. \tag{2}$$

Aus (1) und (2) erhalten wir

$$E_0' - E_0 = (E_1' - E_1) + (1/2) \frac{L}{c^2} v^2, \qquad (3)$$

wobei Glieder höherer Ordnung als $(v/c)^2$ vernachlässigt worden sind. In (3) sind $E_0' - E_0$ und $E_1' - E_1$ nichts weiter als die kinetische Energie im bewegten System vor bzw. nach der Emission des Lichtes. Wenn wir die Masse des Körpers vor und nach der Emission mit M_0 bzw. M_1 bezeichnen, dann können wir (3) in der Form

$$(1/2)\, M_0 v^2 = (1/2)\, M_1 v^2 + (1/2) \frac{L}{c^2} v^2$$

schreiben, woraus folgt

$$M_0 = M_1 + \frac{L}{c^2}.$$

Zu dieser Gleichung bemerkt EINSTEIN: „*Die Relativitätstheorie hat also unsere Anschauungen über die Natur des Lichtes insofern geändert, als sie das Licht nicht als Folge von Zuständen eines hypothetischen Mediums auffaßt, sondern als etwas wie die Materie selbständig Bestehendes. Es hat ferner nach dieser Theorie mit einer Korpuskulartheorie des Lichtes das Merkmal gemeinsam, träge Masse vom emittierenden zum absorbierenden Körper zu übertragen.*“

Nachdem er so dargelegt hat, warum es nach den Prinzipien der Relativität notwendig ist, das Licht als eine Art materielle Korpuskeln zu behandeln, erklärt er einige Aspekte der photochemischen Reaktionen und des photoelektrischen Effektes, die in der Wellentheorie unverständlich waren. Er schreibt: „*Es scheint, daß in Bezug auf diesen Punkt die Emissionstheorie des Lichtes von* NEWTON *mehr Wahres enthält als die Undulationstheorie, da nach ersterer die Energie, welche einem Lichtteilchen bei der Ausstrahlung verliehen wird, nicht über den unendlichen Raum zerstreut wird, sondern für einen Elementarprozeß der Absorption disponibel bleibt.*“ Dann geht er zur Erläuterung der Lichtquanten über. Wie hiermit gezeigt wurde, entstanden beide Theorien – die der Relativität und die der Lichtquanten – in enger Wechselbeziehung miteinander.

Literatur

[1] L. DE BROGLIE, Licht und Materie. Ergebnisse der neueren Physik. H. Goverts-Verlag, Hamburg 1939.
[2] A. EINSTEIN, Annalen der Physik **17** (1905) 891.
[3] A. EINSTEIN, Annalen der Physik **17** (1905) 132.
[4] A. EINSTEIN, Physikalische Zeitschrift **10** (1909) 817.

7. Theoretische Physik und Dialektik der Natur[1])

S. Sakata

1. Die theoretische Physik unseres Landes ist durch die hervorragenden Entdeckungen von H. Yukawa in der ganzen Welt bekannt geworden. Wie hat sich die Elementarteilchentheorie in einer Gesellschaft frei entfalten können, in der das Feudalsystem eine so lange Zeit überdauerte? In einem kurz vor Ausbruch des zweiten Weltkrieges erschienenen Buch charakterisiert J. D. Bernal kritisch den Stand und die Aussichten der japanischen Wissenschaft mit folgenden Worten: „Sie ist gekünstelt, pedantisch und ideenlos, unglücklicherweise in vielen Fällen auch unkritisch und ungenau. Es wäre ungerecht, die japanischen Wissenschaftler deswegen zu tadeln. In einem Land, in dem gefährliche Gedanken mit zunehmender Härte verfolgt werden, ist Originalität in der Wissenschaft kaum gefragt. Wo die Wissenschaft noch offener und zynischer als in Europa für Kriegszwecke und für Versuche, das absolute Existenzminimum für Fabrikarbeiter zu finden, genutzt wird, hat man kaum Chancen, die besten Köpfe für die beste Arbeit zu gewinnen. In den letzten Jahren gab es eine bemerkenswerte – allerdings illegale – Bewegung gegen die offizielle und militarisierte Wissenschaft. Die jüngeren japanischen Wissenschaftler beginnen, sich der sozialen Bedingtheit ihrer Arbeit bewußt zu werden, und denken nicht mehr im Kreis der imperialistischen und militaristischen Mythen des Shintō oder dessen gewalttätigeren modernen Formen wie des Kōdō.[21] Wenn das japanische Volk in den Revolutionen,

[1]) 2. Juni 1947. Beitrag zum Oktoberheft der Zeitschrift Cho-ryu (Strom), Jahrgang 1947.

die den Osten ebensosehr wie den Westen erschüttern, jemals ein Stückchen Freiheit erringen sollte, dann können wir auch dort eine große Verbesserung der Qualität der wissenschaftlichen Arbeit erwarten“ [1].

Die Entwicklung der YUKAWA-Theorie dürfte zweifellos ein Zufall und großer Glücksumstand gewesen sein. Man könnte einwenden, daß in einer solchen Wissenschaft wie der theoretischen Physik, bei der die kontemplativen Fähigkeiten eine ausschlaggebende Rolle spielen, die sozialen Bedingungen keinen großen Einfluß haben. Wie jedoch der Nazismus in Deutschland aktuell zeigte, können auch die ureigensten Gebiete der modernen Wissenschaft von Aberglauben und Barbarei beeinflußt werden. Ohne bewußte Anstrengungen, die mythologische Weltanschauung und ihre engstirnige Denkweise zu überwinden, wäre auch die theoretische Physik unseres Landes diesen verderblichen Weg gegangen.

In den letzten Jahren hat die theoretische Physik eine erstaunlich schnelle Entwicklung erfahren. Man kann zweifellos sagen, daß die Früchte, die in den vergangenen fünfzig Jahren geerntet wurden, die Ergebnisse von mehreren Jahrhunderten bei weitem übertreffen. Die Welt der Physik von NEWTON und MAXWELL, die man für fest und unerschütterlich hielt, wurde durch die Relativitätstheorie und die Quantenmechanik umgestürzt. Das metaphysische Materiebild, das auf unwandelbaren Elementen und unteilbaren Atomen beruhte, wurde grundsätzlich verändert. Während die meisten Physiker die neuen Theorien noch nicht voll begriffen, drang die Vorhut der Physik weiter in das Innere der Atomkerne ein und begann, die Theorie der Elementarteilchen auszuarbeiten. Auch die Natur der kosmischen Strahlung war zu klären. In solch einem Zeitalter beispielloser Umwälzungen kann sogar ein Wissenschaftler, der auf ein großes Lebenswerk zurückblickt, den neueren Entwicklungen nicht mehr folgen. PLANCK, der den Schlüssel zur Quantentheorie fand, und auch EINSTEIN, der die Relativitätstheorie schuf, waren nicht in der Lage, die Grundlagen der Quantenmechanik richtig zu begreifen. Die Physiker, die um die Basis ihrer eigenen Ansichten fürchteten, äußerten ihr Interesse an philosophischen Fragen. Sie begannen, Probleme zu diskutieren wie „die Rolle der Wissenschaft", „die Realität der Außenwelt" und „das Problem der Kausalität". Sie bemühten sich um ein Weltbild, das sogar angesichts dieses revolutionären Zeitalters ihr Selbstvertrauen erhält, und um eine Methodologie, die ihren eigenen Studien nützt. Aber das ist keine leichte Aufgabe. Der Grund besteht darin, daß die Philosophie eine Wissenschaft ist, die stark von sozialen Schranken bestimmt wird. Man sagt sogar, sie sei eine parteiliche Wissenschaft. Es ist nicht nur die Welt der Physik, die ein revolutionäres Zeitalter durchmacht. In diesem Jahrhundert wurde die Welt mehrfach durch große Ereignisse erschüttert, durch den ersten Weltkrieg, die Revolution in Rußland, die Inflation, das Aufkommen des Faschismus und den zweiten Weltkrieg. Die Physiker waren von diesen Ereignissen in großem Maße direkt betroffen. Aber auch die indirekten Einflüsse durch die Philosophie, die die sozialen Unruhen widerspiegelt, waren nicht gering. Es gab die Philosophie, die die Revolution in Rußland anführte, aber auch die Philosophie, die die faschistische Ideologie zu rechtfertigen versuchte, usw.

Als am Ende des 19. und zu Beginn unseres Jahrhunderts die Entdeckungen des Radiums, des Elektrons usw. die Grundlagen der klasischen Theorie erstmals erschütterten, begann das Interesse der Physiker an der Philosophie zu wachsen. Wie Poincaré in seinem Buch „Der Wert der Wissenschaft" [2] feststellte, stand die Gesamtheit der fundamentalen Gesetze der alten Physik, so die Grundgesetze von Newton, Mayer, Lavoisier und Carnot, am Rande des Zusammenbruches. Es kam zu einer „Krise der mathematischen Physik". Die Physiker, die ihr Vertrauen in die alten Theorien verloren, meinten, nur noch an ihre eigene Erfahrung glauben zu können. Unter ihnen war die empirizistische und positivistische Anschauung verbreitet, daß die Wissenschaft kein Abbild der objektiven Realität, sondern nur Produkt des menschlichen Bewußtseins sei, daß die Rolle der Wissenschaft nicht darin bestehe, das Wesen der Natur zu erklären, sondern Erfahrungen gewissenhaft zu beschreiben. Führende Wissenschaftler, die eine soche Meinung vertraten, waren MACH, KIRCHHOFF, OSTWALD und POINCARÉ. Andererseits gab es Wissenschaftler wie BOLTZMANN und PLANCK, die auf ihrem Standpunkt des Realismus beharrten. Häufig kam es zu Kontroversen zwischen diesen Gruppen von Wissenschaftlern. In dieser Zeit ereigneten sich solche Tragödien wie die Selbstmorde von BOLTZMANN und DRUDE[22]. Aber alle die genannten Weltbilder reichten nicht aus, um die Kernpunkte der „Krise der Physik" zu packen. Es war LENIN, der diese Probleme richtig analysierte. Aber nur wenige Wissenschaftler jener Zeit kannten seine Untersuchungen.

Im Gegensatz zu den Erwartungen der Positivisten wurden die bemerkenswerten Erfolge der Physik in der Folgezeit hauptsächlich auf der Grundlage des atomistischen Materiebildes erreicht. Die Untersuchungen der Atomstruktur wurden durch die Erfindung des GEIGER-Zählers, der die Anzahl der für das unbewaffnete Auge unsichtbaren Teilchen wie Elektron und α-Teilchen zählt, und durch die WILSONsche Nebelkammer, die die Bahn der Teilchen anzeigt, beträchtlich gefördert. Im Jahre 1911 stellte RUTHERFORD ein Atommodell auf, das dem Sonnensystem ähnelt. In diesem Fall stand jedoch die alte Theorie ebenfalls vor einer Krise. Dieses Modell konnte die Stabilität des Atoms und die bei den Spektralserien gefundenen Regeln nicht erklären. Im Jahre 1913 schlug BOHR die sogenannte ältere Quantentheorie vor, wobei er eine recht gewagte Hypothese einführte, die PKANCKS Quantenvorstellung übernahm. Diese Theorie hatte einen eklektischen Charakter. Sie ließ auf der einen Seite die klassischen Gesetze NEWTONS und MAXWELLS zu, auf der anderen Seite enthielt sie zwei Annahmen, die mit diesen Gesetzen völlig unvereinbar waren. Der in diesem dualistischen Charakter enthaltene Widerspruch spitzte sich zu, als man kompliziertere Systeme behandelte. In diesem Falle konnte selbst mit dem BOHRschen „Korrespondenzprinzip" kein Weg zur Vereinheitlichung gefunden werden.

Zu jener Zeit stellte man mit Erstaunen fest: Sowohl Materie als auch Licht haben einen dualen Charakter. Es wurde entdeckt, daß Materie und Licht gleichzeitig „Teilchen" und „Welle" sein können. Dieses Problem konnte nicht mehr durch nur teilweise Abänderung der klassischen Physik gelöst werden. Aus vielfältigen vorangegangenen Erfahrungen war bekannt, daß ein Elektron ein Teilchen mit bestimmter Ladung und Masse ist und daß so etwas wie ein „Bruchstück" eines Elektrons nie existieren kann. Trotzdem fand man, daß das Elektron auch eine Welle darstellt. Es geht durch zwei oder mehr Gitterpunkte eines Kristalls gleichzeitig hindurch und verursacht eine Beugungserscheinung. Weil ein Teilchen, das durch die NEWTONsche Mechanik beschrieben wird, sich zu einem gegebenen Zeitpunkt an einem bestimmten Ort befindet und sich mit einer gegebenen Geschwindigkeit auf einer bestimmten Bahn bewegt, ist die dem üblichen Teilchenkonzept entsprechende Vorstellung völlig unvereinbar mit dem Konzept der Welle, die über den ganzen Raum ausgebreitet ist. Offensichtlich waren solche Widersprüche für die in Traditionen befangenen Physiker ein nicht zu tolerierender Fakt. LORENTZ, ein Physiker der alten Schule, der die Theorie des Elektrons untersucht und die Grundlagen für die Relativität geschaffen hatte, meinte kummervoll: „Heute behaupten die Leute genau das Gegenteil von dem, was sie gestern sagten. In einer solchen Zeit läßt sich das Kriterium der Wahrheit nicht länger aufrecht erhalten, und es ist schwer zu verstehen, was Wissenschaft ist. Ich bedauere, daß ich nicht vor fünf Jahren gestorben bin, ehe diese Widersprüche entstanden"[1]).

[1]) Rückübersetzung nach Prog. Theor. Phys. Suppl. No. 50 (1971). (Hrsg.)

Die Physiker wurden wieder zu Skeptikern. Einige wandten sich dem Positivismus, andere dem Agnostizismus oder dem Mystizismus zu. Im Jahre 1925 entstand jedoch auf brillante Weise eine neue „Quantenmechanik". Und trotzdem hielt die philosophische Konfusion bei der Interpretation der Quantenmechanik unter den Physikern weiter an. Diese Verwirrung nahm zu, weil einige Pioniere der Quantenmechanik ihre positivistischen Ansichten oft allzu sorglos hervorhoben. Heisenberg sagte zum Beispiel folgendes: „Die Physiker haben nur die Beziehungen zwischen Empfindungen formal zu beschreiben." „Mit der modernen Physik behandeln wir nicht die Realität oder die Struktur der Atome, sondern nur die Erscheinungen, die wir aufnehmen, wenn wir Atome beobachten."[1]) usw. Infolgedessen wurde die Quantenmechanik anfangs oft auf der Basis des Positivismus und Operationalismus und deren modernen Spielarten interpretiert. Das schon ziemlich früh in unserem Land erschienene Buch von S. Kikuchi ist typisch für diesen Standpunkt. Er äußerte zum Beispiel: „Man kann sagen, daß das Naturgesetz bei einem gegebenen Experiment generell die Beziehungen zwischen den von Meßinstrumenten angezeigten Werten beschreibt. Es ist nicht so, daß man das hinter den Erscheinungen liegende Sein erfaßt, wenn man diese Erscheinungen untersucht".

Wie mein verehrter Freund M. Taketani aber häufig betont, ist die Physik selber streng zu unterscheiden von ihrer Interpretation durch die Physiker. In vielen Fällen handeln die Wissenschaftler anders als sie reden. In seinem Buch „Die Struktur der Materie" sagt Kikuchi, daß der materialistische Standpunkt, nach dem die äußere Welt unabhängig vom menschlichen Bewußtsein existiert, ein naiver Standpunkt menschlicher Wesen sei, die in einer Welt gemeinsamer Sinnesempfindungen leben und keine Beziehung zum Standpunkt einer hochentwickelten Wissenschaft wie der Quantenmechanik

---

[1]) Vgl. Fußnote S. 101.

haben. Trotzdem kehrt er in demselben Buch immer wieder zum Standpunkt des naiven Realismus zurück, wenn er Elektronenbeugung, Neutronenstreuung u. a. beschreibt, wozu er selber wertvolle Beiträge geliefert hat. Das beweist, daß er in seinem Labor stets vom Standpunkt des naiven Realismus ausgeht.

Das Verhältnis von Wissenschaft und Weltanschauung kann nicht ohne historische Untersuchung des Ursprungs und der Entwicklung der Wissenschaft bestimmt werden. Dazu vertritt der Wissenschaftler eines Spezialgebietes jedoch häufig dogmatische Auffassungen, die aus seinem engen Gesichtskreis resultieren. Deshalb verlassen wir für einige Zeit das Gebiet der theoretischen Physik und wenden uns diesen Problemen zu.

2. Man kann annehmen, daß seit den Anfängen der Menschheit auf der Erde etwa eine Million Jahre vergangen sind. Mutmaßlich sind Zehntausende von Jahren seit dem Erscheinen des Homo sapiens verstrichen. Während dieser Zeit produzierten die Menschen verschiedenste Dinge zum Leben und lebten, indem sie diese verbrauchten. Im Gegensatz zu den Tieren gestalten die Menschen ihr Leben nach einem gewissen Programm, wobei charakteristisch ist, daß der Mensch die umgebende Natur so zu verändern sucht, daß sie seinen Bedürfnissen entspricht. Wenn man das praktisch nennen darf, dann ist das Leben der Menschheit von seinem Ursprung her praktisch. Um praktisch zu handeln, muß man jedoch folgendes voraussetzen: Die (äußere) Natur existiert unabhängig von unserem Bewußtsein und wird durch unsere Sinne im Bewußtsein abgebildet. Diesen Standpunkt nehmen die Menschen immer ein, wenn sie ihren täglichen Verrichtungen nachgehen. Deshalb wurde er als naiver Realismus bezeichnet. Philosophisch gesehen, ist es der materialistische Standpunkt.

Die menschliche Praxis führt nur dann zu einem Ergebnis, das mit dem vorher gemachten Plan übereinstimmt, wenn das über die Sinne erhaltene Bild von der Außenwelt, nämlich unser Wissen über die Natur, nicht falsch ist. Über Erfolge und Fehler in seiner Tätigkeit deckt der Mensch die objektive Struktur und das Gesetz der Natur auf, die von seinen Wünschen und seinem Wollen unabhängig sind. Die Wissenschaft hat sich als Organisationsform des Wissens über die objektiven Gesetze entwickelt, die über die Praxis erkannt wurden. Darum garantieren wissenschaftliche Kenntnisse den Erfolg der Tätigkeit des Menschen, während umgekehrt die Wahrheit seiner Erkenntnisse immer durch die Praxis bestätigt werden muß.

Wenn wir die enge Beziehung zwischen Wissenschaft und Praxis berücksichtigen, finden wir, daß Wissenschaft auf der Grundlage des „Standpunktes der Praxis", das heißt des Materialismus, betrieben werden sollte. Wir können also diese Bezeichnung so verstehen, daß der Fortschritt der Wissenschaft und der Erfolg in der Praxis ständig die Richtigkeit des Materialismus beweisen. In dieser Hinsicht ist der Materialismus nicht länger ein naiver Standpunkt, sondern eine wissenschaftliche Weltanschauung, die durch alle Errungenschaften der modernen Wissenschaft gestützt wird. Weiterhin können wir schlußfolgern, daß jede Position, die den Materialismus ablehnt, den Fortschritt der Wissenschaft behindert.

Man sagt gewöhnlich, daß der spezifische Charakter der modernen Wissenschaft in ihrer Orientierung auf positive Ergebnisse besteht. Das ist in dem Sinne richtig, als sich hierin ein Aspekt der erwähnten Beziehung manifestiert, nämlich daß das Kriterium für die Wahrheit einer wissenschaftlichen Erkenntnis die Praxis ist. Die Naturwissenschaftler betonen jedoch diese Orientierung auf positive Ergebnisse zu einseitig und vergessen wahrscheinlich deren materialistische Voraussetzungen oder leugnen sie absichtlich. Der erwähnte Positivismus beinhaltet eben diesen Standpunkt. Man kann ihn als Ausdruck der Beunruhigung jener Wissenschaftler auffassen, die sich in der Konfrontation mit unserem revolutionären Zeitalter nur auf ihre eigenen Erfahrungen verlassen möchten. Der Positivist sagt: „Die Wissenschaft hat die Natur zu beobachten, so wie sie erscheint" und ein Operationalist der neuen positivistischen Richtung sagt: „Eine physikalische Größe ist ein Symbol für die mit einer bestimmten Messung verknüpfte Operation und hat nichts mit der objektiven Realität zu tun." In ihrem Laboratorium stehen die Wissenschaftler aber immer auf dem Standpunkt der Praxis, weil das Experiment eine Form der Praxis darstellt. Auf der einen Seite sagen sie: „Die Physik hat nur Beziehungen zwischen Empfindungen formal zu beschreiben", auf der anderen Seite aber untersuchen sie die Struktur des Atoms, die nicht ihrer unmittelbaren Erfahrung zugänglich ist, und bestimmen die Eigenschaften der Elementarteilchen. Der Grund dafür, daß die Physiker das Atom entdecken und seine Struktur ermitteln konnten, besteht nicht darin, daß sie die Natur, so wie sie erscheint beobachten. Weil der Mensch den Standpunkt der Praxis einnimmt, kann die menschliche Erkenntnis über die Grenzen der Sinne hinaus vordringen und die wesentlichen, hinter den Erscheinungen liegenden Beziehungen aufdecken, obwohl seine Erkenntnis anfänglich von der unmittelbaren Erfahrung ausgeht. Weil es der menschlichen Praxis gelungen ist, die Atomenergie freizusetzen, sind heute alle Menschen von der Existenz der Atome überzeugt.

Warum neigen aber — trotz der unlösbaren Beziehung von Naturwissenschaft und Materialismus — die theoretischen Physiker in dieser stürmischen Zeit zum Positivismus und Empirizismus? Lange Zeit, bis in das vorige Jahrhundert hinein, war der metaphysische Materialismus (der mechanische Materialismus) die unter den Naturwissenschaftlern herrschende Weltanschauung. Dieser Materialismus behandelt die Welt so, als bestünde sie aus lauter einzelnen, fixierten und unveränderlichen Objekten, die eines nach dem andern und unabhängig voneinander beobachtet werden können. Diese Anschauungsweise ist die Verallgemeinerung jenes Naturbildes, das sich aus der anfänglichen Entwicklung der Naturwissenschaft, insbesondere der NEWTONschen Mechanik ableitete, welches besagt: „Die Natur ... blieb ..., wie sie war, solange sie bestand. Die Planeten und ihre Satelliten, einmal in Bewegung gesetzt von dem geheimnisvollen ‚ersten Anstoß', kreisten fort und fort in ihren vorgeschriebenen Ellipsen in alle Ewigkeit oder doch bis zum Ende aller Dinge. Die Sterne ruhten für immer fest und unbeweglich auf ihren Plätzen, einander darin haltend durch die ‚allgemeine Gravitation'. Die Erde war von jeher oder auch von ihrem Schöpfungstage an (je nachdem) unverändert dieselbe geblieben. Die jetzigen ‚fünf Weltteile' hatten immer bestanden, immer dieselben Berge, Täler und Flüsse, dasselbe Klima, dieselbe Flora und Fauna gehabt, es sei denn, daß durch Menschenhand Veränderung oder Verpflanzung stattgefunden. Die Arten der Pflanzen und Tiere waren bei ihrer Entstehung ein für allemal festgestellt, gleiches zeugte fortwährend Gleiches" [3]. Die Form des Materialismus muß sich aber auch mit der Entwicklung der Wissenschaft ändern. Folglich verlangen bedeutende Fortschritte in der Wissenschaft eine Änderung des Materialismus. Nachdem KANT und LAPLACE eine Hypothese zur Entstehung des Sonnensystems vorgelegt hatten, verbreitete sich die Ansicht, daß die Natur nicht nur eben existiert, sondern sich im Werden und Vergehen befindet. In allen Bereichen der Wissenschaft trat der Entwicklungsgedanke auf. Der Gedanke des HERAKLIT, daß die gesamte Natur sich in ständigem Fluß befinde, lebte wieder auf. Es entstand das „dialektische Naturbild". Folgerichtig wurde der Materialismus zum dialektischen Materialismus. Die Physiker, die an die Unumstößlichkeit der NEWTONschen Mechanik geglaubt hatten, waren im metaphysischen Materialismus befangen und dachten im Rahmen der formalen Logik. Unglücklicherweise ist die moderne Wissenschaft übertrieben spezialisiert. Als die Entdeckung neuer Erscheinungen die NEWTONsche Mechanik in ihren Grundfesten erschütterte, begann man die Brüchigkeit jenes Naturbildes zu spüren und geriet in Verwirrung. Man verstand nicht, daß die Begrenztheit jener Weltanschauung nicht die Folge ihres materialistischen, sondern ihres metaphysischen Charakters war. So kam es, daß man den Zusammenbruch einiger wesentlicher Prinzipien fälschlicherweise für die Negation der objektiven Gesetzmäßigkeit insgesamt hielt und damit das Kind mit dem Bade ausschüttete. Dieser Prozeß führte die Physiker in Zeiten revolutionärer Veränderung der Wissenschaft häufig zum Positivismus.

Man sagt, daß Wissenschaftler sich untereinander verstehen und zusammenarbeiten können, selbst wenn sie verschiedene Weltanschauungen haben. Der Grund dafür ist erstens, daß sie gewöhnlich ihre Philosophie nur als schmückendes Beiwerk betrachten und in der tatsächlichen Forschung immer den Standpunkt der Praxis einnehmen, und zweitens, daß der Inhalt der Wissenschaft in gewissem Sinne eine getreue Widerspiegelung der Naturgesetze unabhängig von ihrer Interpretation ist. Jedoch wird sich der Fortschritt in der Forschung in einem ganz anderen Verhältnis vollziehen, je nachdem, ob man sich der materialistischen Dialektik — einer auf der Gesamtheit der Ergebnisse der modernen Wissenschaft begründeten Anschauung — klar bewußt ist oder ob man unbewußt auf dem Standpunkt des naiven Realismus steht, beziehungsweise eine fehlerhafte Weltanschauung hat. Das kann man von jedem Zweig der Wissenschaft sagen. Insbesondere jedoch ist die theoretische Physik als eine weit entwickelte Wissenschaft, die sich mit fundamentalen Modellen und Gesetzen beschäftigt, der ständigen Gefahr ausgesetzt, eine falsche Wendung zu nehmen, wenn man nicht auf einem dialektisch-materialistischen Standpunkt steht und in seiner Forschungsarbeit eine Logik von hoher Qualität benutzt. Die Physiker haben sich in der Vergangenheit allein auf die positivistische Methode gestützt und sind zu Fortschritten gekommen, indem sie die richtige Orientierung mit Hilfe der Methode „Trial and Error" aus der Natur selbst ablasen. Blind glaubten sie, daß das die einzig richtige Methode sei. Nachdem aber die Errungenschaften der modernen Wissenschaft die Gültigkeit der Naturdialektik bewiesen und dabei enthüllt haben, daß die Erkenntnis der Natur in einem dialektischen Prozeß abläuft, sollten wir die Dialektik der Natur zielgerichtet als Kompaß verwenden, der unserer Forschung den Weg weist.

In letzter Zeit hat die Zahl der Wissenschaftler, denen die Richtigkeit dieses Herangehens bewußt ist, ständig zugenommen. Es sei darauf hingewiesen, daß die sowjetischen Wissenschaftler die Naturdialektik mit außerordentlichem Enthusiasmus studieren. In anderen Ländern haben Wissenschaftler ersten Ranges wie J. D. Bernal (ein britischer Physikochemiker), J. Needham (ein britischer Biologe) und P. Langevin (ein französischer Physiker) exzellente Abhandlungen über die Dialektik der Natur veröffentlicht. Ich habe schon darauf hingewiesen, daß hervorragende Wissenschaftler wie F. und I. Joliot-Curie, die Entdecker der künstlichen Radioaktivität, und P. M. S. Blackett, der Entdecker der Schauer in der kosmischen Strahlung, die Naturdialektik unterstützen. Außerdem befaßt sich J. R. Oppenheimer mit ihr, einer der größten amerikanischen theoretischen Physiker, der eine wichtige Rolle bei der Produktion der Atombombe spielte. In unserem Land hat M. Taketani, einer meiner geschätzten Freunde, ausgezeichnete Artikel über die Interpretation der Quantenmechanik und über den Prozeß der Entstehung der Newtonschen Mechanik veröffentlicht, wobei er ein neues Gebiet (sozusagen das quantenmechanische Gebiet) der Naturdialektik entwickelte.[1]) Kürzlich sagte H. Yukawa, daß die Entwicklung der theoretischen Physik dialektisch und auf materialistischer Grundlage verläuft. [4]

3. Als nächstes wollen wir kurz auf den fundamentalen Charakter der Naturdialektik — der „Logik der Natur“ — eingehen, wie sie sich aus der dialektischen Naturanschauung, basierend auf der Gesamtheit der Ergeb-

[1]) Vgl. S. 51: M. Taketani, Dialektik der Natur – Über die Quantenmechanik, und S. 66: M. Taketani, Zur Entstehung der Newtonschen Mechanik.

nisse der modernen Wissenschaft, ableitet. Als erstes muß man verstehen, daß die Natur keinesfalls eine zufällige Anhäufung von Objekten und Erscheinungen ist, die voneinander getrennt, isoliert und unabhängig sind, sondern daß sie eine Einheit darstellt, wobei alle Dinge abhängig, bedingt und miteinander verknüpft sind, „daß die gesamte Natur, vom Kleinsten bis zum Größten ... in ewigem Entstehen und Vergehen, in unaufhörlichem Fluß, in rastloser Bewegung und Veränderung ihr Dasein hat“ [5]. Zweitens haben die Entwicklungs- und Bewegungsgesetze der Natur dieselbe Form wie die von Hegel gefundenen Gesetze für die Entwicklung des Denkens, nämlich: das Gesetz vom Umschlag der Quantität in Qualität und umgekehrt, das Gesetz von der Einheit der Gegensätze, das Gesetz der Negation der Negation usw.

Wir wollen das etwas konkreter erläutern. Die heutige Wissenschaft hat herausgefunden, daß in der Natur qualitativ verschiedene „Niveaus“, Bewegungsformen, existieren, zum Beispiel die Folge: Elementarteilchen — Atomkerne — Atome — Moleküle — Massen — Himmelskörper — Galaxien. Diese Niveaus bilden verschiedene Knotenpunkte, die verschiedene qualitative Existenzformen der Materie abgrenzen. Und daher stehen sie auch nicht nur in einer so einfachen Weise, wie sie gerade beschrieben wurde, untereinander in Beziehung. Die Niveaus sind auch in folgender Richtung miteinander verbunden: Moleküle — Kolloide — Zellen — Organe — Individuen — Gemeinschaften. Selbst bei der gleichen Substanz gibt es „Niveaus“ von Zuständen, wie etwa: Festkörper — Flüssigkeiten — Gase. In übertragenem Sinne kann dies durch eine vieldimensionale Struktur in der Art eines Fischnetzes beschrieben werden, noch besser könnte man sagen, daß sie Phasen darstellen, die wie Zwiebelschalen aufeinanderfolgen. Diese Niveaus sind keinesfalls voneinander isoliert und unabhängig; sie sind untereinander verbunden, voneinander abhängig und gehen ständig ineinander über. Zum Beispiel ist ein

Atom aus Elementarteilchen aufgebaut und ein Molekül aus Atomen. Umgekehrt kann man das Molekül in Atome und das Atom in Elementarteilchen zerlegen. Derartige Umwandlungen geschehen ständig, wobei in ständigem Wechsel neue Qualitäten erzeugt und andere zerstört werden. Sogar die Elementarteilchen, die man für die einfachsten und letzten Bestandteile der Materie gehalten hatte, besitzen nicht länger den metaphysischen Charakter des ewigen unwandelbaren „Atoms", wie es von DEMOKRIT postuliert wurde. Zum Beispiel wandelt sich ein Meson, das in der Atmosphäre durch kosmische Strahlung erzeugt wurde, mit der kurzen Lebensdauer von $2 \cdot 10^{-6}$ s in ein Elektron und ein Neutrino um.

Umwandlungen dieser Art zwischen verschiedenen Niveaus, die Schaffung neuer Qualitäten und ihre eventuelle Zerstörung, gehorchen dem HEGELschen Gesetz. Manche Physiker könnten gegen die obige Feststellung einwenden: „Das Gesetz für den Aufbau der Atome ist die Quantenmechanik, während das Sonnensystem von den Gesetzen der NEWTONschen Mechanik beherrscht wird." Ganz recht, jedes Niveau wird von einem ihm eigenen Gesetz beherrscht. Gerade auch aus diesem Grund benötigt man Einzelwissenschaften. Es ist jedoch die Dialektik, die als gemeinsames, universelles Gesetz in der Quantenmechanik, der NEWTONschen Mechanik, den Gesetzen der lebenden Organismen, den Entwicklungsgesetzen der Gesellschaft und sogar in den Entwicklungsgesetzen des Denkens gefunden wird. Darum kann man sie als die Logik der Natur ansehen. Angesichts dieser Tatsache können die Quantenmechanik, die NEWTONsche Mechanik und überhaupt jede Wissenschaft nur mittels der dialektischen Logik verstanden werden. Die Verwirrung, die bei der Interpretation der Quantenmechanik entstand, hatte ihre Hauptursache darin, daß die Physiker keine dialektische Logik besaßen. Darauf werden wir später zurückkommen.

Das Grundgesetz vom Umschlag der Quantität in Qualität ist in der heutigen Naturwissenschaft bereits voll akzeptiert. Dieses Gesetz besagt, daß der sprunghafte Übergang von einem Niveau zum anderen nicht zufällig geschieht, sondern gesetzmäßig und als Ergebnis der allmählichen Anhäufung quantitativer Veränderungen. In der Physik ist jede Veränderung die Umwandlung von Quantität in Qualität. Zum Beispiel ist zur Erzeugung eines Elektronenpaares eine Energie von etwa 10^6 eV, für die Mesonenproduktion eine Energie von 10^8 eV erforderlich. Bekanntlich wurden die jüngsten Fortschritte der Kernphysik dadurch erreicht, daß COCKCROFT und WALTON eine Hochspannungsanlage für $8 \cdot 10^5$ V bauten. Es ist sicher überflüssig, an einem Beispiel zu erläutern, daß die Chemie eine Wissenschaft ist, in der qualitative Veränderungen eines Stoffes durch quantitative Veränderungen in seinen Komponenten hervorgerufen werden. ENGELS sagte einmal ironisch: „Und wenn die Herren seit Jahren Quantität und Qualität haben ineinander umschlagen lassen, ohne zu wissen, was sie taten, so werden sie sich trösten müssen mit MOLIÈRES Monsieur Jourdain, der auch sein Leben lang Prosa gesprochen hatte, ohne das geringste davon zu ahnen“ [6].

Das zweite Gesetz der Dialektik sagt aus, daß jedes Niveau aus einer Einheit von Gegensätzen besteht und sich durch den Kampf der Gegensätze selbst auf ein höheres Niveau entwickelt. Wir wollen hier nur ein Beispiel aus der Elementarteilchenphysik anführen. Ein Atomkern ist aus Protonen und Neutronen aufgebaut. Die YUKAWA-Theorie klärte den Mechanismus der Kernbindung. Der wesentliche Punkt dieser Theorie ist, daß ein Neutron die Eigenschaft hat, sich in ein Proton und ein negatives Meson umzuwandeln. Weil ein Neutron sich in ein Proton und ein negatives Meson umwandelt, darf man jedoch nicht einfach folgern, daß ein Neutron aus einem Proton und einem negativen Meson zusammengesetzt ist. Denn diese Beziehung läßt sich umkehren, d. h., ein Proton kann in ein Neutron und ein positives Meson umgewandelt werden. Dementsprechend sind

Proton und Neutron beide „elementar“ und gleichzeitig „zusammengesetzt“, d. h., man kann sagen, daß sie eine Synthese von „Elementar-Sein“ und „Zusammengesetzt-Sein“ darstellen. Weiterhin wirkt dieser Gegensatz als Triebkraft im Prozeß des Aufbaus einer neuen Qualität, des Kerns, aus Elementarteilchen.

Die Erzeugung und Zerstörung verschiedener Niveaus geschieht in der Natur unaufhörlich und stellt die Geschichte der Natur dar. Zitieren wir einen Abschnitt aus einer exzellenten Beschreibung der Evolution des Kosmos, dem berühmten Buch „Geburt und Tod der Sonne“ von G. GAMOW, GEORGE-WASHINGTON-Universität: Die Geschichte „beginnt mit dem Raum, der von einem unvorstellbar heißen und dichten Gase gleichmäßig erfüllt ist, in dem Kernumwandlungsprozesse der verschiedenen Elemente mit derselben Leichtigkeit vor sich gingen, wie ein Ei in siedendem Wasser gekocht wird. In dieser ‚prähistorischen‘ Küche des Weltalls sind die relativen Häufigkeiten der verschiedenen chemischen Elemente – die große Menge von Eisen und Sauerstoff und die Seltenheit von Gold und Silber – festgelegt worden. In diese frühe Zeit fällt auch die Entstehung der langlebigen radioaktiven Elemente, die auch heute noch nicht ganz zerfallen sind.

Unter der Einwirkung des ungeheuren Druckes dieses heißen zusammengepreßten Gases fing das Weltall an, sich auszudehnen, wobei Dichte und Temperatur der Materie ständig abnahmen. In einem bestimmten Stadium dieser Ausdehnung spaltete sich das kontinuierliche Gas in einzelne unregelmäßige Wolken von verschiedener Größe auf, die bald die regelmäßigen Kugelgestalten von Einzelsternen annahmen. Die Sterne waren noch außerordentlich groß, viel größer als heute, und nicht sehr heiß; doch verkleinerte ihre fortschreitende Zusammenziehung unter dem Einflusse der Gravitationskräfte ihre Durchmesser und erhöhte ihre Temperaturen. Die häufigen Zusammenstöße der Glieder dieser primitiven Sternfamilie ließen zahlreiche Planetensysteme entstehen, und bei einem dieser Zusammenstöße wurde auch unsere Erde geboren.

Während die Sterne immer heißer und heißer wurden und ihre Planeten — die zu klein waren, um die für thermische Kernreaktionen erforderliche hohe Mittelpunkttemperatur zu entwickeln — sich mit festen Krusten bedeckten, breitete sich das den Raum gleichmäßig ausfüllende ‚Sterngas' weiter aus, und die gegenseitigen Entfernungen der Sterne näherten sich allmählich ihren heutigen Werten.

In einem anderen Stadium der Expansion, das der mittleren räumlichen Materiedichte innerhalb der einzelnen Galaxien, wie wir sie heute finden, entsprach, teilte sich das Sterngas in eine Anzahl einzelner riesiger Sternwolken. Solange diese Sterninseln noch nahe beieinander lagen, bewirkten die zwischen ihnen wirkenden Gravitationskräfte in vielen Fällen die Bildung auffallender Spiralarme und teilten ihnen einen gewissen Drehimpuls mit.

Inzwischen waren die meisten in diesen Sterninseln enthaltenen Sterne genügend heiß geworden, um in ihrem Inneren verschiedene thermische Kernreaktionen zwischen Wasserstoff und anderen leichten Elementen zu entfesseln. Zuerst Deuterium, dann Lithium, Beryllium und schließlich Bor wurden in ‚Asche' verwandelt (wobei unter nuklearer ‚Asche' das wohlbekannte Gas Helium zu verstehen ist). Nachdem die Sterne diese verschiedenen Phasen der ‚roten Riesen' durchlaufen hatten, näherten sie sich dem längsten und wichtigsten Abschnitt ihrer Evolution. Da keine anderen leichten Elemente mehr vorhanden waren, fingen die Sterne an, ihren Wasserstoff durch die katalytische Wirkung der phönixähnlichen Elemente Kohlenstoff und Stickstoff in Helium zu verwandeln. Unsere Sonne befindet sich noch heute in diesem Stadium" [7].

Im weiteren bespricht G. Gamow das Schicksal der Sonne.[23]

Die Erde, die in einem bestimmten Entwicklungsstadium des Kosmos entstanden war, kühlte sich allmählich ab, und ihre Oberfläche bedeckte sich mit der Atmosphäre und der Hydrosphäre. Im Verlaufe der Evolution der Erde, in einem Zeitraum von einigen Hundert- oder Tausendmillionen Jahren, wurde zuerst organische Materie mit einfacher Struktur aus verschiedenen Elementen wie Kohlenstoff, Wasserstoff, Sauerstoff und Stickstoff synthetisiert. Im nächsten Stadium wurden Proteine und andere Stoffe zusammengefügt, die zum Aufbau lebender Organismen notwendig sind. Diese bildeten dann Koazervate mit komplexerem Organismus, und schließlich entstanden die Protisten. Diese Dinge hat I. A. Oparin, ein sowjetischer Biochemiker, in seinem Buch „Der Ursprung des Lebens“ [8] ausführlich beschrieben. Sie werden mit der weiteren Entwicklung der Biochemie, der Geochemie usw. zunehmend aufgeklärt werden. Die Evolution des Lebens von den Protisten bis zum Menschen wurde von Ch. Darwin in seinem Werk „Die Entstehung der Arten durch natürliche Zuchtwahl“ [9] dargelegt. Mit dem Erscheinen des Menschen mündet die Evolution des Lebens in die eigentliche Geschichte. Diese Darlegungen sind ein kurzer Abriß des dialektischen Naturbildes, das von der modernen Wissenschaft hervorgebracht wurde.

Obgleich der dargestellte Inhalt der Naturdialektik durch den kolossalen Fortschritt der Einzelwissenschaften laufend ergänzt wird, unterscheidet er sich nicht wesentlich von dem, den Engels am Ende des vorigen Jahrhunderts beschrieb. Der Inhalt der Naturdialektik muß durch die zukünftige Entwicklung der Wissenschaft ständig bereichert werden, aber ihre wesentlichen Züge, wie sie soeben diskutiert worden sind, bleiben für alle Zeiten bestehen, denn sie ist die „Logik der Natur“.

4. Wir wollen wieder zur theoretischen Physik zurückkehren. Die Newtonsche Mechanik war das Gesetz, dem Objekte sichtbarer Größe, das heißt, die „makroskopische Welt“, unterworfen sind. Deshalb ist es nicht verwunderlich, daß eine neue, von der Newtonschen Mecha-

nik qualitativ verschiedene Gesetzmäßigkeit gefunden werden mußte, als die „mikroskopische Welt“ der Atome und Moleküle, die sich von den makroskopischen Objekten stark unterscheiden, zum Gegenstand der Physik wurde. Das ist nichts weiter als ein neuerlicher Beweis für das Gesetz vom Umschlag der Quantität in Qualität. Man muß nicht darüber verzweifeln, daß ein Elektron eine Welle und zugleich ein Teilchen ist. Denn das deutet nur darauf hin, daß hinter diesen Erscheinungen eine noch fundamentalere Beziehung zu entdecken ist, die die beiden Gegensätze, „Teilchencharakter“ und „Wellencharakter“, vereinigt. In der Tat hat es bei der Aufstellung der Quantenmechanik zwei verschiedene Entwicklungslinien gegeben: die von der Göttinger Schule unter der Führung von HEISENBERG entwickelte Matrixmechanik und die Wellenmechanik, die von DE BROGLIE und SCHRÖDINGER vorgeschlagen worden ist. Obwohl beide äußerlich beträchtliche Unterschiede aufweisen, wurde später gezeigt, daß sie mathematisch äquivalent sind. Sie wurden in einer rationalen Theorie zusammengefaßt, wie man sie heute verwendet. Bei der Interpretation der Quantenmechanik sind nach vielem Hin und Her alle Wissenschaftler etwa zur selben Ansicht gelangt, mit Ausnahme des Problems der Beobachtung, das eng mit ihrer persönlichen Philosophie zusammenhängt. Die sogenannte Kopenhagener Auffassung, die BOHRS Korrespondenzprinzip zum Hauptinhalt hat, spielte stets eine führende Rolle. Auch der Gegensatz zwischen dem realistischen Trend der Schule der Wellenmechanik und dem positivistischen Trend, der die Göttinger Schule beherrschte, ist eine bemerkenswerte Erscheinung.

Die Göttinger Schule, die den Positivismus als Leitprinzip hatte, nach dem sich die Physik nur auf unmittelbar beobachtbare Größen stützen darf, vermied die Einführung solcher Größen wie Bahn und Geschwindigkeit eines Elektrons im Atom. Sie versuchte die atomaren Erscheinungen nur durch Frequenz und

Intensität des vom Atom emittierten Lichtes zu beschreiben. Die Anhänger dieser Schule entwarfen auf der Basis dieser Anschauung und des Bohrschen Korrespondenzprinzips die Matrixmechanik.

Gleichzeitig stellte Schrödinger, unbeeinflußt von der positivistischen Erkenntnislehre, die Wellenmechanik auf, indem er auf der Grundlage der Analogie von Mechanik und Optik eine Wellengleichung einführte, die die Idee de Broglies von den Materiewellen aufgriff. Anfangs sah er die Materiewelle als etwas Reales an, das den Platz des Teilchen-Bildes der alten Mechanik einnehmen sollte, um der Forderung nach Anschaulichkeit zu genügen. Aber bald wurde klar, daß eine solche naive Interpretation nicht akzeptabel ist. Selbst wenn ein Elektron ähnlich wie eine Wasserwelle eine reale Welle wäre und sich nach der Schrödingerschen Wellengleichung über den ganzen Raum ausbreiten würde, muß es infolge seiner Teilchennatur bei einer Ortsmessung notwendigerweise an einem bestimmten Punkte im Raume gefunden werden. Das bedeutet, daß sich die Welle bei einer Beobachtung plötzlich auf einen Punkt zusammenzieht, und weiterhin, daß diese Kontraktion diskontinuierlich und akausal geschieht. Es ist also völlig unmöglich, die quantenmechanischen Erscheinungen klassisch als kontinuierliche und kausale Veränderungen zu interpretieren, wenn man die Materiewelle als real existierend ansieht.

Andererseits erwies sich die Methodologie der Göttinger Schule, die versucht hatte, die Theorie nur mit Hilfe direkt beobachtbarer Größen aufzubauen, auch als unzulänglich. In der gegenwärtigen Theorie sind Ort und Geschwindigkeit des Elektrons, die jene Schule hatte ausschließen wollen, tatsächlich wieder enthalten. Es wurde klar, daß das zentrale Problem nicht die Frage ist, ob diese Größen direkt, sondern ob sie gleichzeitig beobachtbar sind. Die Heisenbergsche Unschärfe-Relation lehrt, daß Ort und Geschwindigkeit eines Elektrons komplementäre Größen sind, die nicht gleichzeitig gemessen werden können. Das charakteristische Merkmal der Quantenmechanik besteht darin, daß man es mit der Existenz solcher komplementärer Größen zu tun hat. Folglich wird es unmöglich, den Zustand eines Teilchens wie in der NEWTONschen Mechanik durch Angabe von Ort und Geschwindigkeit zu einem bestimmten Zeitpunkt zu beschreiben. Es wird notwendig, einen neuen Zustandsbegriff einzuführen, wobei der Zustand durch einen Vektor (Wellenfunktion) im HILBERT-Raum dargestellt wird. Ein Elektron besitzt einen widersprüchlichen Charakter als Teilchen und Welle, weil hinter diesen Erscheinungsformen ein fundamentaler Zusammenhang existiert, der durch den quantenmechanischen Zustand zu verstehen ist. Weiterhin sei hier vermerkt, daß die Wellenfunktion mit ihrer so signifikanten Bedeutung eine Größe ist, die natürlich weder „direkt" noch „im Prinzip" beobachtet werden kann, was wiederum bedeutet, daß die gegenwärtige Quantenmechanik sich entwickelte, indem sie die Erkenntnislehre des Positivismus überwand.

Manchmal wird die Entwicklung der Quantenmechanik als Erfolg des Machismus hingestellt. Jedoch besteht die tatsächlich positive Rolle der Methodologie der Göttinger Schule eher darin, daß sie die kritiklose Anwendung der Vorstellungen des täglichen Lebens auf die Mikrowelt verbot. Dieser Punkt kann aber mit Hilfe der Naturdialektik, die das Gesetz vom Umschlag der Quantität in Qualität postuliert, richtiger verstanden werden als mit Hilfe einer positivistischen Erkenntnislehre. Die Entdeckung der dualen Natur des Elektrons hat sichtbar gemacht, daß die verschiedenen Begriffe der NEWTONschen Mechanik, die den makroskopischen Erfahrungen entnommen sind, nicht geradewegs auf die Mikrowelt übertragen werden können. Jedoch sind die Makro- und die Mikrowelt nicht voneinander getrennt, isoliert und unabhängig, sondern sind voneinander abhängig, durcheinander bedingt und miteinander verknüpft. Daher läßt sich niemals eine neue Theorie aufbauen, indem man einfach die Anwendung aller üblichen Begriffe verbietet. Man kann sagen, daß das Bohrsche Korrespondenzprinzip, welches fordert, daß die neue Theorie im asymptotischen Grenzfall immer mit der klassischen übereinstimmen muß, diesen Gedanken zum Ausdruck bringt. Schließlich verließ auch Heisenberg den Positivismus, indem er feststellte: Selbst wenn man versucht, alle unklaren Begriffe zu reinigen, ehe man Wissenschaft treibt, kann man doch nichts weiter tun, als sich dem „Zwang der Erfahrung“ zu unterwerfen; denn es gibt keinen Maßstab um zu beurteilen, welcher Begriff zweifelhaft ist. Die Begriffe im voraus zu klären, hieße, die zukünftige Entwicklung der Wissenschaft durch eine logische Analyse der Sprache vorwegzunehmen. Weil die Gesetze der klassischen Physik für den Grenzfall Wirkungsquantum = Null gelten, sind die klassischen Begriffe, die diesen Quantengesetzen entsprechen, unentbehrliche Elemente der Naturwissenschaft.

Der Grund, weshalb das Korrespondenzprinzip in der gesamten Entwicklung der Quantenmechanik seit der alten Quantentheorie als ein Leitfaden bei der Suche nach unbekannten Gesetzen eine führende Rolle spielen konnte, liegt darin, daß es teilweise die Naturdialektik widerspiegelt. Obwohl die Göttinger Schule von einer irreführenden Philosophie geleitet wurde, war sie bei der Aufstellung der Matrixmechanik hauptsächlich dank des Korrespondenzprinzips so erfolgreich.

Wenn sich die theoretischen Physiker allerdings der Naturdialektik bewußt gewesen wären und sich diese qualitativ höhere Logik angeeignet hätten, dann wären sie einen geradlinigeren Weg zur Quantenmechanik gegangen. Es besteht kein Zweifel, daß sie schneller zu jener Methodologie gelangt wären, die Bohr und Heisenberg schließlich auf Grund ihrer außerordentlichen Intuition und in einem viele Jahre währenden Ringen mit der Natur erreichten, und daß sie ihr einen adäquateren Ausdruck verliehen hätten. Obwohl sich die Methodologie von Bohr und Heisenberg beim Aufbau der

Quantenmechanik als wirksame Waffe bewährt hatte, spielte sie bei der jüngsten Entwicklung der Theorien der Atomkerne und Elementarteilchen oft eine negative Rolle, weil sie nur einen Teil des Ideengehaltes der Naturdialektik beinhaltet. Nach einem wohlbekannten Gesetz der Dialektik verkehrt sich eine Methodologie immer in ihr Gegenteil, wenn man sie über Gebühr wie ein Glaubensbekenntnis anwendet.

Bei der Interpretation der Quantenmechanik war es das sogenannte „Beobachtungsproblem", über das in philosophischer Hinsicht die meisten Mißverständnisse verbreitet waren: In der Quantenmechanik wird der Zustand eines mikroskopischen Systems, z. B. eines Atoms, durch eine Wellenfunktion dargestellt. Er entwickelt sich nach der SCHRÖDINGERschen Wellengleichung stetig in der Zeit. Diese Veränderung ist kausal. Sie wird durch eine Differentialgleichung beschrieben und unterscheidet sich qualitativ nicht von der Zustandsänderung eines makroskopischen Systems. Die charakteristischen Merkmale der Quantenmechanik treten jedoch bei der Beobachtung eines solchen mikroskopischen Systems in Erscheinung. Die Messung der gleichen physikalischen Größe in ein und demselben Zustand ergibt nicht immer ein und dasselbe Resultat. Wir können nur statistisch die Wahrscheinlichkeit voraussagen, mit der wir ein bestimmtes Resultat erhalten. Weiterhin ändert sich der Zustand eines Systems bzw. die Wellenfunktion durch die Messung sprunghaft und akausal, wobei es vom Resultat der Messung einer physikalischen Größe abhängt, in welchen Zustand das System übergeht. Ein Beispiel ist die oben erwähnte Kontraktion des Wellenpaketes.

Der wesentliche Punkt des Beobachtungsproblems besteht darin, die Beziehungen zwischen diesen beiden Veränderungen zu klären, nämlich zwischen der stetigen und kausalen Zustandsänderung eines abgeschlossenen Systems und der sprunghaften und akausalen Änderung, die bei der Messung am System auftritt.

Betrachten wir jetzt ein charakteristisches Merkmal des

Meßprozesses. Eine Beobachtung ist die Einwirkung einer „Meßapparatur“ auf ein „Objekt“, um das Objekt betreffende Größen z. B. durch Ablesen eines Zeigerausschlages auf einer Skala der Meßapparatur zu messen. In der Quantenmechanik läßt sich beweisen, daß selbst dann, wenn ein aus zwei Teilen zusammengesetztes System als Ganzes sich in einem reinen quantenmechanischen Zustand befindet, ein Teilsystem im allgemeinen nicht mehr in einem reinen Zustand ist, sondern eine statistische Mischung aus zahlreichen quantenmechanischen Zuständen darstellt [10]. Das ist für die Quantenmechanik charakteristisch und weist auf die dialektische Beziehung zwischen dem Teil und dem Ganzen und zwischen Zufall und Notwendigkeit hin, die mit einer formalen Logik nie verstanden werden können. Die während der Messung auftretende sprunghafte und akausale Zustandsänderung steht im Gegensatz zur stetigen und kausalen Zustandsänderung eines abgeschlossenen Systems und ist die Folge eines objektiv vorhandenen quantenmechanischen Kombinationsgesetzes für Objekt und Meßgerät. Sie hat nichts mit der sogenannten „Einwirkung des Subjektes auf das Objekt“ zu tun. Die bislang häufig aufgestellte Behauptung, daß die Quantenmechanik die objektive Realität der Außenwelt widerlege, gründet sich auf ein falsches Verständnis des Beobachtungsproblems. Darauf hat bereits Taketani hingewiesen.[1])

Um jedoch diese Mißverständnisse beiseite zu räumen, muß man noch auf einen weiteren charakteristischen Punkt des quantenmechanischen Meßprozesses hinweisen: Während das Meßobjekt mikroskopisch ist, ist der Hauptteil der Meßapparatur notwendigerweise makroskopisch. Mit anderen Worten, während das Objekt von quantenmechanischen Gesetzen beherrscht wird, ist die Meßapparatur eine Vorrichtung, die den mikroskopischen

---

[1]) Vgl. S. 83: M. Taketani, Bemerkungen zu von Neumanns Theorie des Meßprozesses.

Prozeß, der in der Apparatur abläuft, zu einem makroskopischen Prozeß verstärkt. Dabei steht der mikroskopische Teil der Apparatur in enger Verbindung zum Objekt, so daß es schwierig sein könnte zu entscheiden, welcher Teil zum beobachteten Objekt und welcher Teil zur Meßapparatur gehört. Wie jedoch von Neumann unter Benutzung des erwähnten Kombinationsgesetzes nachgewiesen hat, liefert die Quantenmechanik immer dasselbe Resultat, unabhängig von der Lage des Schnittes zwischen Objekt und Meßapparatur. Das bedeutet, daß die Quantenmechanik sehr sinnvoll aufgebaut ist. Um die Willkür der Lage des Schnittes besonders zu betonen, sagt von Neumann sogar, daß das Objekt schrittweise bis zu dem Grenzfall vergrößert werden könne, in dem nur das „abstrakte Ich" als erkennendes Subjekt übrig bleibt. Damit ist er offensichtlich zu weit gegangen. Denn es ist eine charakteristische Eigenschaft der Meßapparatur, daß sie eine Vorrichtung enthält, die den mikroskopischen Prozeß zu einem makroskopischen Vorgang verstärkt, so daß wir die Apparatur also nicht der Seite des Objektes zuschlagen dürfen. Ferner beeinflußt das Ablesen der in der Apparatur auftretenden Skalenänderung durch einen Beobachter das Meßergebnis nicht. Deshalb ist es ebenso sinnlos, das erkennende Subjekt in die Meßapparatur einzubeziehen. Auf Grund dieser Überlegungen dürfte es klar geworden sein, daß die statistische Natur des quantenmechanischen Meßprozesses eine Folge der materiellen Wechselbeziehung zwischen Objekt und Meßapparatur ist. Beide existieren objektiv, und die statistische Natur kommt nicht infolge einer Einwirkung des Subjektes auf das Objekt zustande.

Obgleich schon oft argumentiert wurde, daß in der Quantenmechanik die Kausalität nicht geleugnet werden könne, findet man den richtigen Weg zur Lösung dieses Problems nur bei einer Analyse des Meßprozesses in der obigen Form. Für die Quantenmechanik ist der Zustandsbegriff besonders wichtig, und für den Zustand gilt streng das Kausalitätsgesetz. Auf der anderen Seite beherrschen statistische Gesetze die Welt der Erscheinungen, die sich auf die Korrelation zwischen Meßwerten physikalischer Größen beziehen. Es ist jedoch bereits darauf hingewiesen worden, daß diese statistische Natur niemals die Kausalität aufhebt; vielmehr gründet sich die statistische Natur eines „Teiles" auf die kausale Natur des „Gesamtsystems". Dieser Zusammenhang kann nur mit Hilfe der dialektischen Logik begriffen werden, die die Gegensätze von Erscheinung und Wesen, von Teil und Ganzem, von Zufall und Notwendigkeit usw. vereinigt. Manche Verwirrung, die im Zusammenhang mit dem Kausalitätsproblem aufgekommen ist, ist größtenteils eine Folge des Bemühens, den strukturellen Aufbau der Quantenmechanik mit Hilfe einer formalen Logik zu verstehen.[24]

M. TAKETANI hat die logische Struktur und den Entstehungsprozeß der Quantenmechanik vom Standpunkt der Naturdialektik im Detail analysiert. Er hat für die theoretische Physik eine wirksame Methodologie, die Drei-Stadien-Theorie, entwickelt. In welcher Weise seine Methodologie eine wichtige Rolle in der Entwicklung der Elementarteilchenphysik in unserem Lande gespielt hat, wird an anderer Stelle besprochen.

Literatur

[1] J. D. BERNAL, The social function of science. London 1939.

[2] H. POINCARÉ, Der Wert der Wissenschaft. Leipzig 1906.

[3] F. ENGELS, Dialektik der Natur. Einleitung, in: MARX/ENGELS, Werke, Bd. 20; Berlin 1962, S. 314.

[4] H. YUKAWA, Über das wissenschaftliche Denken, in: Kai-zo (Erneuerung), Dez. 1946 (jap.).

[5] F. ENGELS, Dialektik der Natur. Einleitung, a. a. O., S. 320.

[6] F. ENGELS, Dialektik der Natur, a. a. O., S. 353.

[7] G. GAMOW, Geburt und Tod der Sonne. Birkhäuser-Verlag,

Basel 1947, S. 260 ff. (Birth and death of the sun. New York, The Vikingpress 1940).

[8] J. A. OPARIN, Die Entstehung des Lebens auf der Erde. Berlin 1949. (Dritte, stark veränderte Auflage: Deutscher Verlag der Wissenschaften, Berlin 1957.)

[9] CH. DARWIN, Die Entstehung der Arten durch natürliche Zuchtwahl. Verlag Philipp Reclam jun., Leipzig 1949.

[10] J. VON NEUMANN, Mathematische Grundlagen der Quantenmechanik. Berlin 1932, Kap. 5.

8. Über die Interpretation der Quantenmechanik[1])

S. SAKATA

Wichtig ist nicht die Interpretation, sondern die Revolution.

1. *Die Bedeutung des erneuten Streites um Interpretationsprobleme*

A. Ich glaubte, daß die Debatte um die Interpretation der Quantenmechanik schon lange abgeschlossen wäre, aber kürzlich fiel mir auf, daß es wieder einen hitzigen Streit um diese Probleme gibt.

B. Das begann meines Erachtens etwa im Jahre 1952, als BOHM die Möglichkeit einer deterministischen Interpretation der Quantenmechanik durch Einführung der sogenannten „verborgenen Parameter" vorschlug. Anschließend erschienen nacheinander Beiträge von VIGIER, BOPP und anderen zu diesem Problem.

A. Ich hörte, daß DE BROGLIE, einer der Begründer der Wellenmechanik, sich von der Kopenhagener Interpretation, die er seit 1927 über fünfundzwanzig Jahre hinweg unterstützt hatte, abgewandt und erklärt habe, daß er zu seinen ursprünglichen Anschauungen zurückkehren wolle.

B. Kürzlich formierte sich um DE BROGLIE eine neue Schule, die eine der Kopenhagener Schule entgegengesetzte Position einnimmt. Man könnte sie Neo-DE BROGLIE-Schule nennen.

A. Vor einiger Zeit erfuhr ich, daß in der Sowjetunion die Kopenhagener Interpretation stark kritisiert wird.

B. Ja, aber ursprünglich war es hauptsächlich eine Kritik

---

[1]) Dezember 1959. Erste japanische Veröffentlichung in Kagaku (Wissenschaft) 29 (1959) 626.

aus der Sicht der Philosophen. Etwa seit 1935, dem Jahr des 25. Jahrestages von LENINS „Materialismus und Empiriokritizismus“, intensivierten die sowjetischen Wissenschaftler ihre Kritik in einer Zusammenarbeit von Philosophen und Physikern. Erst viel später veröffentlichte BLOCHINZEW, ein namhafter sowjetischer Physiker, eine Arbeit über die Quantenmechanik als Ensembletheorie. Ungefähr zur selben Zeit erschien BOHMS Publikation.

A. Und wie reagierte die Kopenhagener Schule auf diese Entwicklung?

B. BOHR, HEISENBERG, BORN und andere Begründer der Kopenhagener Schule brachten jeweils ihre Meinung zu den Auffassungen ihrer Widersacher zum Ausdruck. Hauptsächlich ist es aber ROSENFELD, der bei der aktiven Verteidigung von BOHRS Philosophie die Debatte anführt.

A. Meines Erachtens stehen viele, die sich kritisch zur Kopenhagener Interpretation verhalten, auf einem materialistischen Standpunkt. Meinen Sie nicht auch?

B. Ja, aber ich erinnere Sie daran, daß auch ROSENFELD die materialistisch-dialektische Philosophie unterstützt. In der Sowjetunion verteidigt FOCK die Kopenhagener Interpretation und kritisiert die Meinungen von BOHM und BLOCHINZEW, und auch er steht auf dem Standpunkt des dialektischen Materialismus.

A. Kommt dieser Wiederbelebung des Streites über das Interpretationsproblem der Quantenmechanik irgendeine neue Bedeutung zu?

B. Die heutige Physik ist Schritt für Schritt in tiefere Bereiche — oder Niveaus — der Materie vorgedrungen, vom Atom zum Kern und vom Atomkern zu den Elementarteilchen. Die Quantenmechanik selber wurde als das physikalische Gesetz entdeckt, das die Ebene des Atoms beherrscht. Später wurde sie auf tiefere

Bereiche, auf Kern und Elementarteilchen, angewendet und erzielte beachtliche Erfolge. Jetzt gehen wir jedoch zum Studium einer noch tieferen Schicht der Materie über, wo wir die Existenz eines neuen, außerhalb des Rahmens der Quantenmechanik liegenden physikalischen Grundgesetzes erwarten. Deshalb müssen wir zum gegenwärtigen Zeitpunkt tiefer über das Fundament der Quantenmechanik einschließlich des Problems ihrer Interpretation nachdenken.

A. Entsprechen die Arbeiten von Bohm und anderen diesen Ihren Forderungen?

B. Die richtige Schlußfolgerung kann man natürlich erst nach der Aufstellung der zukünftigen Theorie ziehen. Man sollte aber meines Erachtens die Arbeiten von Bohm und anderen wenigstens unter diesem Gesichtspunkt würdigen. Wenn wir ihre Arbeiten nur als Vorschlag einer weiteren neuen Interpretation der Quantenmechanik ansehen, dann wäre die Diskussion nur die Neuauflage der alten Kontroverse. In diesem Sinne weist die Gegenkritik von Rosenfeld und Fock meines Erachtens nicht in die richtige Richtung, obwohl ihre Argumente selbst völlig korrekt sind.

A. Sie selber aber betonen, daß es nicht auf die Interpretation, sondern auf die Revolution der Physik ankommt?

B. Ja.

A. Dann muß ich sagen, daß Bohm und andere in ihrer Theorie ebenfalls zu großes Gewicht auf eine neue Interpretation legen.

2. *Die Kopenhagener Schule*

B. Die Anhänger der Kopenhagener Schule sagen, daß die Ausschau nach „verborgenen Parametern“ hinter der Quantenmechanik das Gleiche sei wie die Suche eines „Randes der Erde“ nach der Entdeckung Amerikas durch Columbus und der erfolgreichen Erdumsegelung durch MAGELLAN. Ihre Behauptung ist meines Erachtens ganz richtig, wenn man sich auf Probleme jener Materieschicht beschränkt, für die sich die Quantenmechanik als voll gültig erwiesen hat.

A. Ich kann mir vorstellen, daß es in der Periode unmittelbar nach der Geburt der Quantenmechanik einige Leute gab, die an die Existenz der verborgenen Parameter glaubten.

B. Das trifft tatsächlich auf Gelehrte wie PLANCK, EINSTEIN, VON LAUE und einige andere zu. Diese Physiker, die mit der klassischen Physik aufgewachsen waren, fanden meines Erachtens keinen anderen Weg, als auf verborgene Parameter zu hoffen, um die statistische Natur der Quantenmechanik zu verstehen. Die Vorstellungen der alten Generation von „Kausalität“ und „Statistik“ waren aus der klassischen Physik abgeleitet und an sie gebunden. Dies ist einer der Gründe, warum sie lange Zeit große Schwierigkeiten hatten, die Quantenmechanik zu akzeptieren.

A. Findet man nicht auch dieselbe Tendenz bei DE BROGLIE und SCHRÖDINGER, den Entdeckern der Wellenmechanik?

B. Ja. Sie führten einen zähen und ausdauernden Streit, ehe sie schließlich die Kopenhagener Interpretation akzeptierten.

A. Ich vermute, daß die Begründer der Matrixmechanik wie HEISENBERG, BORN, JORDAN und andere zur entgegengesetzten Ansicht neigten. Vertraten sie eine streng positivistische Anschauung, indem sie alle alten physikalischen Vorstellungen beiseite warfen und sich nur auf die Erfahrung verließen?

B. Bei BORN war das nicht der Fall. Den strengsten positivistischen Standpunkt vertrat JORDAN. Jedoch werden HEISENBERGS Äußerungen am häufigsten zitiert, wenn man die positivistischen Tendenzen der Kopenhagener Schule kritisiert. HEISENBERGS weltanschauliche Position hat sich mit der Zeit geändert. Als er aber sein bekanntes Lehrbuch über die Quantenmechanik schrieb, stand er klar auf einer positivistischen Position.

A. Ich erinnere mich, daß HEISENBERG und seine Kollegen, den positivistischen Standpunkt als Leitprinzip für den Aufbau der Matrixmechanik ansahen. Sie sagten, daß die Physik nur aus solchen physikalischen Größen aufgebaut werden dürfe, die direkt beobachtbar seien.

B. Ja, sie vermieden die Einführung solcher physikalischen Begriffe wie Bahn und Geschwindigkeit der Elektronen im Atom und versuchten, die atomaren Erscheinungen nur mit Hilfe der direkt beobachtbaren physikalischen Größen wie Frequenz und Intensität des vom Atom emittierten Lichtes zu beschreiben. Es wäre jedoch falsch, die Aufstellung der Matrixmechanik als einen Sieg der positivistischen Philosophie zu betrachten. Nicht einmal sie selbst konnten durchgängig mit dem positivistischen Prinzip in Übereinstimmung bleiben. Und tatsächlich enthält die gegenwärtige Quantenmechanik wieder solche Begriffe wie Ort und Geschwindigkeit eines Elektrons, die man aus dem Gebäude der Theorie auszuschließen gedachte. Das Wesen des Problems bestand nicht darin, daß diese Größen nicht direkt beobachtbar, sondern daß sie nicht gleichzeitig beobachtbar sind. Das kommt in der Unschärferelation oder im Komplementaritätsprinzip zum Ausdruck.

A. Liegt darin das Wesen der Kopenhagener Interpretation?

B. Der sogenannte „Kopenhagener Geist", das Kernstück der BOHRschen Philosophie, besteht im Erkennen komplementärer physikalischer Größen, die prinzipiell nicht gleichzeitig beobachtbar sind. Das ist meines Erachtens ein Ausgangspunkt der Kopenhagener Interpretation.

A. Ich sehe jetzt, daß weder der naive Realismus von DE BROGLIE u. a. noch der unduldsame Positivismus von HEISENBERG und seinen Kollegen geeignet waren, das Wesen des Systems der Quantenphysik in seiner Gesamtheit zu erfassen, das einen so abstrakten und zugleich logischen Charakter besitzt.

B. Der „Kopenhagener Geist" setzte der Debatte um die Interpretation der Quantenmechanik vorläufig ein Ende. Zumindest wurde die deterministische Interpretation durchgängig abgelehnt. Aber unter den Ansichten der Kopenhagener Schule gab es verschiedene Nuancen, denn die BOHRsche Philosophie blieb — vielleicht infolge seiner großzügigen Persönlichkeit — vieldeutig. Die Kopenhagener Schule vereinte einen extremen Positivisten wie JORDAN auf der einen und einen dialektischen Materialisten wie ROSENFELD auf der anderen Seite.

A. Das mag sein. Aber wenn wir die Quantenmechanik auf ein bestimmtes physikalisches Problem anwenden und einen Vergleich der theoretischen Resultate mit dem Experiment durchführen, dann spielt die Philosophie des einzelnen meines Erachtens keine ernsthafte Rolle.

B. Nein, das stimmt nicht. Bedenken Sie, daß die BOHRsche Philosophie keinen Erfolg hatte, sobald man begann, die Quantenmechanik auf Probleme des Atomkernes anzuwenden, obwohl die BOHRsche Philosophie sorgfältig darauf vorbereitet war. Nebenbei gesagt, gibt es auch noch das Problem des sogenannten Beobachtungsparadoxons, bei dem die Unterschiede in den philosophischen Standpunkten am offensten zu Tage traten. Es betrifft die Frage, wie das Phänomen der „Kontraktion des Wellenpaketes", die bei einer Beobachtung erfolgt, zu verstehen ist.

A. Sie meinen wohl das von SCHRÖDINGER angeführte Paradoxon der Katze.[1])

[1]) Vgl. hierzu auch S. 83: M. TAKETANI, Bemerkungen zu VON NEUMANNS Theorie des Meßprozesses. (Hrsg.)

3. *Die Konferenz von Bristol*

B. Wenden wir uns nach dieser Rückbesinnung auf alte Kontroversen wieder den gegenwärtigen Problemen zu. An der Universität von Bristol wurde im Jahre 1957 eine internationale Konferenz über die Probleme „Beobachtung und Interpretation" abgehalten. Diese Konferenz war wichtig, weil sie die Kritik an der Kopenhagener Interpretation auf methodologische Probleme einer zukünftigen Revolution der Physik lenkte. Für ROSENFELD war das eine Enttäuschung, weil er in der Konferenz eine Gelegenheit gesehen hatte, BOHM und seine Anhänger zu bekehren.

A. Wer waren die wichtigsten Teilnehmer der Konferenz von Bristol?

B. Vertreten waren ROSENFELD von der Kopenhagener Schule, BOHM, VIGIER, BOPP und andere von der Neo-DE-BROGLIE-Schule sowie FIERZ, PRYCE und POWELL als neutrale Teilnehmer. Anwesend waren auch einige Philosophen.

A. Waren keine sowjetischen Vertreter in Bristol?

B. Aus den sozialistischen Ländern nahm niemand teil.

A. Ich bin der Meinung, Japan hätte auch einen Vertreter entsenden sollen.

B. Das hätte man tun sollen. TAKETANIS „Philosophie der drei Stadien" ist sowohl als Kritik der Kopenhagener Interpretation als auch als Methodologie für eine zukünftige Theorie der Physik von hohem Niveau. TAKETANIS Philosophie sollte auch außerhalb Japans stärker bekannt werden.

A. Erläutern Sie mir etwas ausführlicher, wieso die Kritik an der Kopenhagener Interpretation nach der Konferenz von Bristol erneut Bedeutung gewann.

B. Wie Sie wissen, kann man den Beweis zweier Thesen durch VON NEUMANN als einen der wichtigsten Beiträge in der Geschichte der Interpretation der Quantenmechanik bezeichnen. Die erste These sagt aus, daß die Quantenmechanik unabhängig von der angenommenen Lage des Schnittes zwischen Objekt und Beobachtungsinstrument stets das gleiche Resultat liefert. Damit hängt das erwähnte Paradoxon der SCHRÖDINGERschen Katze zusammen. Die zweite These ist ein mathematischer Beweis für die Nichtexistenz verborgener Parameter in der Quantenmechanik. Die Konferenz von Bristol trug dazu bei, den übertriebenen Wert, den man diesen beiden Thesen bis dahin beimaß, zu korrigieren. Wir wollen das jetzt etwas ausführlicher diskutieren.

4. Die Kontraktion des Wellenpaketes ist nicht die Wirkung des Subjektes

A. Meines Wissens diente die erste These VON NEUMANNS als Rechtfertigung der extrem positivistischen Interpretation.

B. Wenn wir die Lage des Schnittes zwischen Objekt und Beobachtungsinstrument willkürlich beliebig nahe an den Beobachter heranführen können, wie VON NEUMANN selber erklärte, so wird am Ende auf der Seite des Beobachters nur sein „*abstraktes Ich*" übrig bleiben. Dann müssen wir der Interpretation zustimmen, daß es eine „Einwirkung des Subjektes" sei, die im Moment der Beobachtung den Zustand des Objektes unkontrollierbar stört und akausale Übergänge in Form der „Kontraktion eines Wellenpaketes" hervorruft.

A. Bedeutet dies, daß SCHRÖDINGERS Katze in einem unbestimmten Zustand zwischen Leben und Tod verbleibt, bis ein Beobachter den Kasten öffnet und durch die Einwirkung des Subjektes Leben und Tod der Katze bestimmt wird?

B. Das ist richtig. Aber wie ich schon vorhin sagte, gab es in der Kopenhagener Schule zu diesem Paradoxon unterschiedliche Meinungen, und nicht alle hatten so extreme Ansichten wie von Neumann. Insbesondere Bohr selber hielt sich mit einer Meinungsäußerung zurück.

A. Wurde der Standpunkt von von Neumann auf der Konferenz von Bristol zum ersten Male kritisiert?

B. Nein, in Japan äußerte Taketani eine solche Kritik bereits im Jahre 1942. Nach Taketanis Theorie ist es falsch, eine willkürliche Verschiebung der Lage des Schnittes zwischen Objekt und Beobachter anzunehmen. Er zeigte, daß der Schnitt in diejenige Grenzfläche zu legen ist, in der das mikroskopische Phänomen in ein makroskopisches Phänomen umgewandelt wird. Deshalb muß man die Kontraktion des Wellenpaketes als objektives Phänomen ansehen, das in dieser Grenzfläche auftritt.

A. Ich verstehe. Dann lieferte seine Theorie also eine Lösung für das Paradoxon der Schrödingerschen Katze?

B. Ich meine, daß seine Theorie für die meisten Physiker eine sehr natürliche Deutung darstellt. Es ist tatsächlich ein Standpunkt, den jeder Physiker nach einer logischen Analyse des Beobachtungsproblems akzeptieren könnte. Auf der Bristol-Konferenz wurde unabhängig davon ein Vorschlag unterbreitet, der auf dem gleichen Gesichtspunkt beruht.

A. Aus der Theorie von von Neumann wird geschlossen, daß die Kontraktion des Wellenpaketes eine Wirkung des Subjektes darstellt und nie das Objekt physikalischer Untersuchungen sein kann. Taketanis Theorie hingegen ermöglicht es, die Erscheinung der Kontraktion des Wellenpaketes als objektiven physikalischen Prozeß zu behandeln.

B. Kurz nach der Bristol-Konferenz publizierte Green in Australien eine Arbeit zum Beobachtungsproblem (Nuovo Cimento 9 (1958) 880), in der er die gleiche Position wie Taketani einnahm. Er bewies streng die Gültigkeit der Taketanischen Deutung. Green wies darauf hin, daß für das Meßinstrument in der Quantenphysik ein Verstärkungsmechanismus charakteristisch ist, wobei durch einen mikroskopischen Prozeß, der in einem Teil des Instrumentes abläuft, ein makroskopischer Prozeß ausgelöst wird. Zur Illustration wies er dann an einem einfachen Modell nach, daß sich die quantenmechanischen Interferenzeffekte infolge der Wechselwirkung mit dem Beobachtungsinstrument das im wesentlichen ein makroskopisches System ist, aufheben. Ein großer Fehler von Neumanns bestand darin, daß er die Quantenmechanik auf das Beobachtungsinstrument anwandte, obwohl es sich um ein makroskopisches System handelt. Auf jeden Fall ist die Arbeit von Green einer der wichtigsten Beiträge zur jüngsten Debatte über die Interpretation der Quantenmechanik.

A. Verringerte diese Arbeit die Unterschiedlichkeit der Auffassungen innerhalb der Kopenhagener Schule?

B. Ja, extrem subjektivistische Anschauungen wurden damit ausgeschlossen.

5. *Der Kopenhagener Nebel*

A. Berichten Sie mir über die andere These von Neumanns.

B. Diese These ist deswegen berühmt, weil sie eine mathematische Begründung für die Bohrsche Philosophie der Komplementarität liefert. Sie widerlegt grundsätzlich jene Physiker, die die statistischen Daten der Quantenmechanik mit Hilfe verborgener Variabler zu verstehen suchten. Tatsächlich sagte de Broglie vor kurzem, daß er seine ursprüngliche Ansicht letztlich aufgab, weil er die von Neumannsche These für absolut wahr hielt.

A. In welcher Form wurde diese These auf der Bristol-Konferenz kritisiert?

B. Bohm und andere Wissenschaftler wiesen darauf hin, daß diese These keine absolute Wahrheit, sondern eines der Theoreme der Quantenmechanik ist. Sie beweist, daß für die Einführung von verborgenen Parametern im gegenwärtigen theoretischen Gebäude kein Platz ist. VON NEUMANN und die Mitglieder der Kopenhagener Schule betrachteten diese These als absolute Wahrheit und behaupten, daß sie jede Möglichkeit zur Einführung der verborgenen Parameter vollständig ausschließt. Wir stellen jetzt aber fest, daß diese Einstellung nicht nur falsch ist, sondern auch ein Hindernis für die freie Entwicklung einer zukünftigen Theorie darstellt, indem sie die künftige Richtung in ungerechtfertigter Weise einengt. BOHRS Philosophie trug als „Kopenhagener Geist" viel zur Entwicklung der Quantenphysik bei, muß aber jetzt als „Kopenhagener Nebel" kritisiert werden, der die zukünftige Richtung nicht erkennen läßt. Wie ich Ihnen bereits sagte, konnten sich die Physiker, die in der Anfangszeit der Quantenmechanik an die Existenz der verborgenen Parameter glaubten, nicht von den Ideen der klassischen Physik freimachen. Sie waren nicht in der Lage, die neuen Beziehungen zwischen Statistik und Kausalität, wie sie in der Quantenmechanik gefunden wurden, zu begreifen. Gegenwärtig begeht die Kopenhagener Schule jedoch den gleichen Fehler. Man versucht, an Gegebenheiten, die nur für die Quantenphysik gelten, festzuhalten und diese als ewige Wahrheit zu betrachten.

A. Demnach wird die Kopenhagener Schule — ehemals Repräsentant der progressiven Kreise in der Physik — heute konservativ und reaktionär.

B. BOHR selber war sehr vorsichtig und suchte jeden Dogmatismus zu vermeiden. Weil aber seine Philosophie nicht sehr tief geht, läuft sie Gefahr, zu einem Hemmschuh zu werden. Darauf weist ein bekanntes Gesetz der dialektischen Philosophie hin. ROSENFELD hat behauptet, daß BOHR ein gewandter dialektischer Philosoph sei. Meines Erachtens ist diese

Behauptung aber nur in dem Sinne richtig, daß die Komplementarität ein Reflex der dialektischen Struktur der Quantenmechanik ist. Die Tatsache, daß die BOHRsche Philosophie in der Kernphysik erfolglos blieb, weist offen auf ihre Mängel hin. Aber der Kopenhagener Nebel verdichtet sich immer mehr, weil sich die Kopenhagener Schule der Mängel ihrer Philosophie nicht bewußt ist.

A. Sie erwähnten das Versagen der BOHRschen Philosophie in der Atomkernphysik. Könnten Sie das vielleicht näher erläutern?

B. Als die Quantentheorie etwa um das Jahr 1930 begann, sich mit den Problemen der Atomkerne zu beschäftigen, zeigten sich verschiedene ernste Schwierigkeiten, beispielsweise die scheinbare Nichterhaltung der Energie beim Beta-Zerfall, Verletzungen der Additionsregeln für Spin und Verletzungen der Statistik für die Elektronen innerhalb des Kerns. Etwa zur gleichen Zeit schlug DIRAC eine Theorie der Elektronen vor, die aber unter dem Mangel litt, daß negative Energien vorkamen. Außerdem traten in einer Feldtheorie von HEISENBERG und PAULI Divergenzschwierigkeiten auf. Wie Sie wissen, wurden fast alle diese Schwierigkeiten später entweder durch die Einführung oder die Entdeckung bisher unbekannter Elementarteilchen gelöst, nämlich des Neutrons, des Neutrinos, des Positrons und des Mesons. BOHRS Philosophie leistete nicht den geringsten Beitrag hierzu, weil sie die Situation nicht vorauszusehen vermochte. Noch schlimmer, sie behinderte das Vorgehen, neue Substanzen in die Theorie einzuführen. Zum Beispiel zeigte BOHR bei seinem Japanbesuch im Jahre 1937 nicht das geringste Interesse für die Mesonentheorie von YUKAWA. Sie werden sich erinnern, wie lange die internationale Physik sogar nach der experimentellen Entdeckung des geladenen Mesons die Existenz eines neutralen Mesons anzweifelte. Hieran können Sie den tiefen Einfluß der Bohrschen Philosophie ermessen und zugleich sehen, wie dick der „Kopenhagener Nebel“ ist.

A. Meinen Sie nicht, daß es Bohrs Vorsicht war, die die Kopenhagener Schule veranlaßte, die Einführung neuer Substanzen in die Physik zu vermeiden?

B. Nein, ich glaube nicht. Die Kopenhagener Schule widmete von Anfang an der Substanz die allergeringste Aufmerksamkeit. Man kann sagen, daß sie das Kind mit dem Bade ausschüttete, wenn sie mit der Aufstellung des Komplementaritätsprinzips das klassische Modell über Bord warf. Meines Erachtens hatte sie recht, wenn sie mit der Aufstellung des Komplementaritätsprinzips auf die wichtige Rolle der Meßapparatur hinwies. Gleichzeitig übersah man aber, daß Physik die Untersuchung objektiver Eigenschaften der Materie und nicht das Ablesen von Meßgeräten bedeutet. In der Entwicklungszeit der Quantentheorie verdeckte das Korrespondenzprinzip diesen Mangel. Die Kopenhagener Interpretation unterschätzte jedoch die Bedeutung des Korrespondenzprinzips und betonte nur jenen Aspekt der Abkehr vom klassischen Modell der Physik. Im Ergebnis war die Kopenhagener Schule nicht in der Lage, zur Einführung neuer Teilchen beizutragen.

A. Meines Erachtens bestand die damalige Grundhaltung in der gesamten Physik darin, die Überlegungen nur auf experimentell gesicherte Fakten zu beschränken. Meinen Sie nicht, daß es eine sehr gewissenhafte Haltung ist, sich nur auf gesicherte experimentelle Befunde zu verlassen?

B. Es scheint so. Aber es führt zu einem Erstarren unserer Ideen in der jeweiligen Situation und schließt neue noch zu entdeckende Dinge aus unseren Betrachtungen aus. In diesem Sinne ist es eine Art Dogmatismus. Das ist der Fehler des Empirizismus.

A. Ich verstehe. Und der gleiche logische Fehler liegt

in der Auffassung, daß die These von der Nichtexistenz verborgener Parameter eine absolute Wahrheit sei.

B. Ja. BOHM, VIGIER und andere kritisierten genau diesen Punkt.

6. *Quantenmechanik und dialektischer Materialismus*

B. Es war TAKETANI, der zuerst auf die Mängel in der BOHRschen Philosophie hinwies und klarstellte, was an der Kopenhagener Interpretation richtig und was falsch ist.

A. Wann war das?

B. Das war im Jahre 1935. In seinem Artikel[1]) schätzte er die Rolle des Korrespondenzprinzips beim Aufbau der Quantenmechanik richtig ein. Weiterhin zeigte er, daß man den vollen Inhalt der Quantenmechanik nicht mit Hilfe einer einfachen Logik und nicht ohne Berücksichtigung der durch die Komplementarität veranschaulichten Schichtstruktur der Natur verstehen kann. Er folgte der von MARX im „Kapital" demonstrierten dialektischen Methode und erschloß mit Hilfe der Logik der dialektisch-materialistischen Philosophie das Wesen der Quantenmechanik.

A. Sie erzählten mir, daß auch ROSENFELD auf dem Boden des dialektischen Materialismus steht. Was unterscheidet die Auffassungen von ROSENFELD und TAKETANI?

B. ROSENFELD und FOCK betonen die richtige Seite der Kopenhagener Interpretation, sie verschließen aber die Augen vor der anderen, der falschen Seite. Ich glaube, es ist kein Fehler, wenn sie die Komplementarität als eine Äußerung einer Struktur im Sinne der dialektischen Philosophie ansehen. Sie bemerkten aber nicht

---

[1]) Gemeint ist: M. TAKETANI, Dialektik der Natur – Über die Quantenmechanik (in diesem Sammelband S. 51). (Hrsg.)

die Tatsache, daß eine einfache Logik wie die Komplementarität nicht als Methodologie für eine Revolution in der Physik ausreicht. Die Theorie TAKETANIS ging vom Versagen der Kopenhagener Interpretation auf dem Gebiet der Kernphysik aus. Sie wurde beim erfolgreichen Aufbau der Mesonentheorie zu einer wirksamen Methodologie für derartige Revolutionen ausgebaut. Demgegenüber spendeten ROSENFELD und andere der Größe des Werkes von BOHR einfach Beifall und begnügten sich mit der Interpretation der Quantenmechanik. Ich muß feststellen, daß ROSENFELD und andere im Begriffe sind, die Fehler der früheren Deterministen zu wiederholen, die sie so gründlich kritisiert hatten.

A. Wie verstand TAKETANI von seinem Standpunkt aus die Quantenmechanik?

B. Die Kopenhagener Schule und die Deterministen gleichen sich darin, daß sie den durch die SCHRÖDINGER-Gleichung beschriebenen mathematischen Formalismus der Quantenmechanik als gegeben und unveränderlich hinnehmen und entweder vom Standpunkt der Komplementarität oder des Determinismus nach einer Interpretation suchen. Wenn wir jedoch von der Praxis bei der Anwendung der Quantenmechanik auf ein bestimmtes physikalisches Objekt ausgehen, dann müssen wir mit der Aufstellung der SCHRÖDINGER-Gleichung selbst beginnen. Deshalb ist es offensichtlich unumgänglich, die substantielle Struktur des Objektes zu kennen, z. B. aus welchen Teilchen das betreffende System aufgebaut ist, welche Wechselwirkungen zwischen den Bestandteilen auftreten usw. Nur mit Hilfe dieser Kenntnisse sind wir in der Lage, den HAMILTON-Operator des Systems anzugeben und dann zur SCHRÖDINGER-Gleichung zu gelangen. Analysieren wir die logische Struktur der Quantenmechanik von diesem Standpunkt der Praxis aus, dann werden wir uns davon überzeugen, daß die

Theorie der Quantenmechanik durch eine einfache Logik wie die der Komplementarität nicht in ihrer Gesamtheit erfaßt werden kann. Man sagt, daß die Kopenhagener Interpretation das klassische Modell eliminiert. Geht man aber vom Standpunkt der Praxis aus, so erkennt man, daß das klassische Modell in echt dialektischem Sinne negiert wird. Der Grundgedanke des Artikels von TAKETANI kann wie. folgt zusammengefaßt werden. Die Quantenmechanik weist eine innere dialektische Struktur auf, wobei Kenntnisse über Substanz und Struktur des betreffenden Objektes ein unumgängliches Element im System der Theorie darstellen. Welche wichtige Rolle das Korrespondenzprinzip beim Aufbau der Quantenmechanik spielte, kann nur von diesem Standpunkt aus vollständig verstanden werden.

A. Ist das nicht ein Beispiel für die dialektische Einheit von Logischem und Historischem?

B. Das ist richtig. TAKETANIS theoretische Studien beschränkten sich nicht auf die Probleme der Logik der Quantenmechanik, sondern er verallgemeinerte das Ergebnis und schuf seine als „Drei-Stadien-Theorie" bezeichnete Methodologie.

A. Erzählen Sie mir kurz etwas über die „Drei-Stadien-Theorie".

B. TAKETANI sagte, daß die Erkenntnis der Natur ein dialektischer Prozeß ist, der spiralförmig in Zyklen verläuft, die aus dem phänomenologischen, dem substantiellen und dem essentiellen Stadium bestehen. Im ersten Stadium werden die einzelnen empirischen Fakten über die betreffende Erscheinung beschrieben. Im Falle der klassischen Mechanik ist das die Periode bis zu TYCHO BRAHE. Im zweiten Stadium fangen wir an, die substantielle Struktur der Natur, die den Phänomenen zugrunde liegt, zu begreifen. Hier geben wir Antwort auf Fragen wie: Welche Erscheinungen zeigen sich bei einem bestimmten Objekt mit einer charakteristischen Struktur unter definierten Bedingungen. In dem erwähnten Beispiel der klassischen Mechanik ist es das Studium der KEPLERschen Untersuchungen. Dann kommt das dritte und letzte Stadium, in dem wir in der Lage sind, Vorhersagen über Erscheinungen zu machen, die durch Objekte mit beliebiger Struktur unter beliebigen Bedingungen hervorgerufen werden. Das entspricht dem Stadium der NEWTONschen Mechanik.

A. Welchem Stadium entspricht das bei der Quantenmechanik?

B. TAKETANI sagt, daß das BOHRsche Atommodell dem substantiellen Stadium und die Quantenmechanik dem essentiellen Stadium entspricht.

7. *Was kommt nach der Quantenmechanik?*

A. Wenn Sie die Quantenmechanik dem essentiellen Stadium zuordnen, bedeutet das, daß die Theorie schon vollständig abgeschlossen ist?

B. Ich vertrete die Meinung, daß sie innerhalb ihres Gültigkeitsbereiches abgeschlossen ist. Wenn wir jedoch zur Erforschung einer neuen Schicht der Natur übergehen, die außerhalb ihrer Gültigkeitsgrenzen liegt, dann befinden wir uns am Anfang eines neuen Entwicklungszyklus, und die Quantenmechanik ist als phänomenologisches Stadium anzusehen. Diese Situation bezeichnet TAKETANI als spiralförmige Entwicklung der Erkenntnis.

A. Das bedeutet also, daß wir im Sinne der dialektischen Philosophie die Quantenmechanik als Synthese eines abgeschlossenen und eines nichtabgeschlossenen Aspektes zu verstehen haben?

B. So ist es. Nehmen wir zum Beispiel die Diskussion von BOHR und EINSTEIN über die Frage, ob die Quantenmechanik abgeschlossen ist oder nicht. Unser Ergebnis wäre sehr einseitig, wenn wir diese Diskussion nicht unter obigem Gesichtspunkt betrachten würden. BOHR hatte mit großer Mühe versucht, EINSTEIN von seiner Philosophie der Komplementarität zu überzeugen, aber EINSTEIN war nie ganz überzeugt. Das kann nicht einfach damit begründet werden, daß EINSTEINS Denkweise ein Überbleibsel aus der Zeit der klassischen Physik sei. BOHR hatte ja ebenfalls ziemlich starre Vorstellungen über die Quantenmechanik. Er war nicht in der Lage, den wahren Sinn der Probleme, die EINSTEIN aufgeworfen hatte, zu erfassen. Das war meines Erachtens der Punkt, auf den BOHM und andere hinwiesen.

A. Heißt das, daß die Kopenhagener Schule die Quantentheorie als letztendliche Theorie („ultimate theory“) ansieht?

B. So ist es. Die Auffassung, daß die Quantentheorie die letztendliche Theorie sei, ist eng mit jenem physikalischen Bild verknüpft, nach dem die Elementarteilchen die letzten Bausteine der Materie sind. Dies bedeutet eine Wiederbelebung der mechanistischen Tendenzen in der heutigen Physik. Erinnern wir uns der Grundlage der mechanistischen Philosophie, die bekanntlich das Naturbild des neunzehnten Jahrhunderts war. Sie entstand als eine Kombination der Vorstellungen der Atomisten, die glaubten, daß die Natur letztlich aus unzerstörbaren Atomen zusammengesetzt ist, und der Idee von der Allmacht der Mechanik, d. h. der Behauptung, daß die NEWTONsche Mechanik das letztendliche Gesetz ist, das die Bewegung allen Seins beherrscht. In der Periode der Entstehung der Quantenmechanik kam es unvermeidlich zum Kampf gegen dieses überholte Naturbild. Die anfänglichen Diskussionen über die Interpretation der Quantenmechanik hatten ganz deutlich diesen Charakter. In jüngster Zeit beginnt diese Situation sich aber umzukehren, und die Kopenhagener Schule, die früher gegen die mechanistischen Tendenzen kämpfte, wird nun selber zum Gefangenen einer neuen mechanistischen Philosophie. Der neue mechanistische Standpunkt unterscheidet sich von dem alten dadurch, daß er die Elementarteilchen für die letzten Bausteine der Materie und die Quantenmechanik für das letztendliche Gesetz der Physik hält. Die zugrunde liegende Philosophie ist jedoch die gleiche.

A. Ich dachte, daß sich die Kritik an der Kopenhagener Schule mehr auf ihre positivistischen Tendenzen bezog, jedoch ...

B. Positivismus und Mechanizismus sind vom Ursprung her zwei Seiten ein und derselben Medaille. Man kann sagen, daß es an der positivistischen Haltung der Kopenhagener Interpretation lag, wenn sie die Rolle des substantiellen Wissens unterschätzte. Ich muß aber darauf hinweisen, daß es an der historischen Situation jener Zeit lag, wenn eine solche Interpretation wie die der Kopenhagener Schule Zustimmung fand. Der Hauptgegenstand der Quantenmechanik war damals bekanntlich die innere Struktur des Atoms. Seit 1911 wußte man, daß ein Atom aus einem Atomkern und Elektronen zusammengesetzt ist. Die Wechselwirkungen zwischen ihnen wurden als elektromagnetische Kräfte bestätigt, die schon seit langem erforscht waren. Das notwendige substantielle Wissen hatte sich daher zu jener Zeit schon so weit durchgesetzt, daß es als gesichert und gegeben aufgefaßt wurde. Solche historischen Bedingungen brachten in der Anfangszeit der Quantenmechanik positivistische Tendenzen hervor wie beispielsweise die Preisgabe des physikalischen Modells.

A. Dann liegt der methodologische Fehler der Kopenhagener Schule also im Nicht-Erkennen der Bedeutung des substantiellen Wissens.

B. Ja, das meine ich auch. Sie werden jetzt verstehen,

warum sich die Mängel der BOHRschen Philosophie zuerst bei den Problemen des Atomkerns zeigten. Man sagt, daß sich die Theorie der Elementarteilchen gegenwärtig an einem Wendepunkt befindet. Ich fürchte jedoch, daß der Kopenhagener Nebel, der in der ganzen Welt, Japan eingeschlossen, über der Physik lagert, noch sehr dicht ist.

A. Könnten Sie diese Bemerkung etwas näher erläutern.

B. Es gibt eine Reihe von Arbeiten, die von der HEISENBERGschen S-Matrix-Theorie ausgehen und die Argumente von CHEW und seinen Schülern fortsetzen. Hierin erblicke ich eine positivistische Tendenz, einen Ableger des Positivismus der ehemaligen Schule der Matrixmechanik, welche behauptet, daß nicht die objektive Struktur der Materie von primärer Bedeutung sei, sondern daß die mit den Meßgeräten gewonnenen Beobachtungsdaten den hauptsächlichen Gegenstand der Physik ausmachen. Außerdem werden Sie feststellen, daß es auf der ganzen Welt zur Zeit eine erneute Tendenz zur mechanistischen Denkweise gibt, indem die Elementarteilchen für die letzten Bausteine der Materie gehalten werden.

A. Eine solche Definition der Elementarteilchen habe ich in bekannten, von Autoritäten verfaßten Büchern gefunden.

B. Vor einigen Jahren berichtete eine Zeitung über die nichtlineare Theorie von HEISENBERG. Sie unterscheidet sich von der gegenwärtigen Physik durch die Annahme, daß hinter den Elementarteilchen eine „Urmaterie" existiert, die durch die sogenannte Weltgleichung beschrieben wird. HEISENBERG sagte, daß die Entdeckung der Weltgleichung für die Physik den Abschluß des immer tieferen Eindringens in die Materie darstellt und daß sich die zukünftige Physik nur noch in die Breite entwickeln würde. Seine These ist eine Deklaration zur Wiederbelebung der atomistischen Philosophie auf der Basis der „Urmaterie".

A. Von der Position des dialektischen Materialismus aus sehen Sie die Elementarteilchen als eine Schicht der Materie an?

B. Ja, wir dürfen jedoch nicht vergessen, daß möglicherweise nicht alle Elementarteilchen zu ein- und derselben Schicht gehören, denn wir kennen gegenwärtig viele verschiedene Arten von Elementarteilchen.

A. Entstand das Bausteinmodell der Elementarteilchen auf der Basis derartiger Überlegungen?

B. Kürzlich wurde begonnen, die Struktur der Elementarteilchen auch mit experimentellen Methoden zu untersuchen. Die Situation hat sich seit damals, als YUKAWA erstmals seine Theorie nichtlokaler Felder vorschlug, beträchtlich gewandelt. Es ist meines Erachtens an der Zeit, dem üblichen Punktmodell der Elementarteilchen Lebewohl zu sagen. Wenn wir künftig Fortschritte erzielen wollen, dann sollten wir meiner Meinung nach irgendeine Art nichtlokale Theorie in Erwägung ziehen.

A. Dann stellt also die Ansicht, daß die Elementarteilchen die allerletzten Bestandteile der Materie seien, ein Hindernis für die Weiterentwicklung der heutigen Physik dar.

B. Es kann sein, daß es unmöglich ist, die Elementarteilchen buchstäblich in Stücke zu zerbrechen. Wenn wir jedoch die Existenz eines Subquanten-Niveaus in der Natur annehmen, wovon BOHM und VIGIER sprechen, dann müssen wir verschiedene Möglichkeiten der künftigen Entwicklung ins Auge fassen, einschließlich des von ihnen jetzt vorgeschlagenen Festkörper- und Flüssigkeitsmodells.

A. Nehmen BOHM und VIGIER an, daß die Elementarteilchen aus der Materie des Subquanten-Niveaus in gleicher Weise zusammengesetzt sind wie das makroskopische Niveau des Alltags aus Atomen?

B. Sie sind der Meinung, daß die Raum-Zeit selber aus

einem Sein zusammengesetzt ist, das dem Subquanten-Niveau angehört. Die Elementarteilchen, die wir beobachten, sind nur die Spitze des Eisbergs. Im Gegensatz dazu betrachtet die gegenwärtige Quantentheorie Materie und Raum-Zeit als voneinander unabhängig. Wenn also in der erwähnten Auffassung von BOHM ein Körnchen Wahrheit steckt, dann sollten die Probleme der Elementarteilchen mit EINSTEINS Idee von der allgemeinen Relativität in Beziehung stehen.

A. Da stimme ich zu. Von einem solchen Standpunkt aus ist die Suche nach verborgenen Parametern sinnvoll.

9. Dialoge über neue Vorstellungen zu den Elementarteilchen[1])

S. Sakata

The universe is not to be narrowed down to the limits of the understanding, which has been mens practice up to now, but the understanding must be stretched and enlarged to take in the image of the universe as it is discovered.
Francis Bacon, Parasceve, Aphorism 4

1. *Die Elementarteilchen sind nicht die letzten Grundbausteine der Materie*

Um zu beginnen...

A. Nach dem zweiten Weltkrieg wurde ein neues Elementarteilchen nach dem anderen entdeckt. Unsere Kenntnisse über diese Teilchen haben so rasch zugenommen, daß es jetzt möglich zu sein scheint, auf dieser Basis die Natur der Elementarteilchen tiefer zu verstehen. Deshalb würde ich heute gern mit Ihnen über einige Gedanken sprechen, die ich kürzlich zu diesem Problem hatte.

B. Würden Sie mir bitte zuvor sagen, wann und in welchem Sinne man den Begriff „Elementarteilchen" zu gebrauchen begann?

A. Mit der Entdeckung des Neutrons im Jahre 1932 wurde klar, daß die Atomkerne aus Protonen und Neutronen aufgebaut sind. Etwa zu dieser Zeit kam meines Erachtens das Wort „Elementarteilchen" in Gebrauch. Nachdem man alle drei Bestandteile des Atoms — Elektronen, Protonen und Neutronen — gefunden hatte, führte man dieses Wort als allgemeine Bezeichnung für derartige Teilchen ein.

---

[1]) April 1961. Erste Publikation in: Proceedings of the Physical Society of Japan 16 (1961) 210 (jap.).

B. Gehe ich richtig in der Annahme, daß dieses Wort damals benutzt wurde, um auszudrücken, daß die Elementarteilchen die letzten Grundbausteine der Materie sind?

A. Ja, sie haben recht. Natürlich war auch das Photon als Elementarteilchen bekannt; wenn Sie also „Materie" sagen, so sollten Sie diesen Begriff in etwas umfassenderem Sinne verstehen, als es üblich ist.

B. Meinen Sie, daß es auch heute noch richtig ist, die Elementarteilchen für die letzten Grundbausteine der Materie zu halten?

A. Meiner Meinung nach war diese Auffassung, daß Elementarteilchen die letzten Grundbausteine der Materie seien, von Anfang an falsch. Es stimmt natürlich, daß man im Jahre 1932 die Elementarteilchen für die fundamentalsten Bestandteile der Materie hielt. Und auch heute noch scheint es unmöglich zu sein, die Elementarteilchen in etwas noch Fundamentaleres zu zerlegen. Aber selbst dann kann man sagen, daß es falsch ist, sich auf den Standpunkt zu stellen, die Elementarteilchen seien die allerletzten Grundbausteine der Materie. Es wäre ein mit der Wissenschaft unvereinbarer, metaphysischer Dogmatismus, wollte man an irgendeiner Betrachtungsweise, die nur auf einer bestimmten Entwicklungsstufe der experimentellen Technik berechtigt ist, bis in alle Ewigkeit festhalten.

B. Dann war es wohl nicht gerade zweckmäßig, den Namen „Elementarteilchen" zu wählen?

A. Man könnte sagen, daß es auf den Namen nicht ankommt, weil er nur ein Symbol darstellt. Aber man sagt auch, daß der Name auf die Wirklichkeit hinweisen soll. Wenn man einen nicht zutreffenden Namen verwendet, dann neigt man dazu, die eigentliche Natur, das Wesen mißzuverstehen. Tatsächlich ist die Anschauung, daß die Elementarteilchen die letzten Grundbausteine der Materie seien, tief im

Denken der Physiker verwurzelt. Und das scheint den wissenschaftlichen Fortschritt zu behindern.

B. Genau die gleiche Situation lag meines Erachtens im Falle der Atome vor.

A. Der von den Philosophen des antiken Griechenland eingeführte Atombegriff beinhaltete tatsächlich die Existenz einer Teilbarkeitsgrenze für die Materie. Die Atome, die die moderne Wissenschaft entdeckte, blieben zunächst Objekte mit Eigenschaften, die diesen Namen verdienten. Aber am Ende des 19. Jahrhunderts verloren sie dieses Attribut. Viele Physiker jener Zeit plagten sich ab sowohl mit dem Wunschbild der Atome, das sie sich selber geschaffen hatten, als auch mit den Widersprüchen, die durch neue experimentelle Tatsachen hervorgebracht wurden, einschließlich der Entdeckung des Radiums, des großen Revolutionärs. Wie Sie wissen, führte das zu jener Krise in der Physik, wie sie POINCARÉ in seinem Buch „Der Wert der Wissenschaft" beschreibt.

Selbst das Elektron ist unerschöpflich

B. Würden Sie mir nun bitte sagen, wie man die Begriffe Atom und Elementarteilchen richtig umschreiben kann.

A. Was diesen Punkt betrifft, so glaube ich, daß man schwerlich irgendeine Formulierung findet, die treffender ist als die von ENGELS in „Dialektik der Natur". Lassen Sie mich einen Abschnitt daraus zitieren: „Die neue Atomistik unterscheidet sich von allen früheren dadurch, daß sie nicht behauptet (abgesehen von Eseln), daß die Materie bloß diskret, sondern daß die diskreten Teile verschiedener Stufen (Ätheratome, chemische Atome, Massen, Weltkörper) verschiedene Knotenpunkte sind, die verschiedene qualitative Daseinsweisen der allgemeinen Materie bedingen..." [1]. Wenn wir auf den beachtlichen Fortschritt zurückblicken, den die Atomphysik in diesem Jahrhundert erreicht hat, dann können wir ganz klar feststellen, daß die Atome niemals eine Teilbarkeitsgrenze der Materie darstellen, sondern als eine der unendlich vielen Ebenen zu verstehen sind, die als Ganzes die Natur bilden und die sich qualitativ voneinander unterscheiden. Ähnliches gilt bei den Elementarteilchen: Obwohl es gegenwärtig so aussieht, als wären sie die allerletzten Bausteine der Materie, sollte man sie in ähnlicher Weise als eine Schicht der Materie ansehen.

B. Wenn ich mich recht erinnere, schrieb ENGELS die „Dialektik der Natur" bevor die These von der Unteilbarkeit der Atome experimentell widerlegt wurde.

A. Ganz recht. In seinem Brief an MARX schrieb er im Jahre 1867: „Das Atom – früher als Schranke der Teilbarkeit dargestellt – ist jetzt bloß noch ein Verhältnis...", „... ein Knoten, wie HEGEL sagt, in der unendlichen Reihe der Teilungen, der sie nicht abschließt, aber einen qualitativen Unterschied setzt" [2]. Das Elektron und die radioaktiven Elemente wurden erst viel später entdeckt. Auf jeden Fall wußten die Wissenschaftler damals nichts von den Vorstellungen, die ENGELS von den Atomen hatte. Sie wurden durch die neuen Entdeckungen völlig verwirrt, weil sie – wie der Name „Atom" es suggeriert – daran glaubten, daß das Atom die Grenze für die Teilbarkeit der Materie darstellt. Sie bemerkten nicht, wie überholt ihr Bild von den Atomen bereits war; eher zweifelten sie die Existenz der Atome an und gingen dem Positivismus auf den Leim, der nur an empirische Fakten glaubt. Aber die Atomphysik entwickelte sich weiter. Sie überwand sowohl den Konservatismus, der die Atome als unteilbar ansah, als auch den Positivismus, der an der Realität der Atome zweifelte. Dabei entschlüsselte sie gleichzeitig die innere Struktur der Atome.

B. Ich möchte gern wissen, ob zu jener Zeit überhaupt jemand die Zukunft auf der Grundlage des dialektisch-materialistischen Atombegriffs richtig vorhersagen konnte.

A. Bedauerlicherweise gab es solche Physiker nicht. In seinem Werk „Materialismus und Empiriokritizismus“ analysierte jedoch LENIN sorgfältig die damalige Krise der Physik. Meines Erachtens ist es wertvoll, sich seinen darin enthaltenen berühmten Ausspruch zu merken: „Auch das Elektron ist unerschöpflich“.

Die Elementarteilchen sind nicht punktförmig

A. Es gibt jedoch auch heute noch viele Physiker, die die Elementarteilchen für die allerletzten Bestandteile der Materie halten. Einer der Gründe für diese Tendenz liegt meines Erachtens in dem Umstand, daß der theoretische Formalismus, mit dessen Hilfe man Elementarteilchenprozesse wie Erzeugung, Vernichtung, Streuung, Zerfall usw. behandeln kann, durch die auf dem Punktmodell der Elementarteilchen basierende Quantenfeldtheorie gegeben ist. Wir können die Elementarteilchen nur dann mathematisch als Punkte behandeln, wenn wir es mit einem raum-zeitlichen Bereich zu tun haben, in dem die innere Struktur der Elementarteilchen vernachlässigbar wird. Weil nun aber der auf dem Punktmodell beruhende Formalismus vom Standpunkt der Mathematik aus sehr schön ist und sich bis zu einem gewissen Grade als erfolgreich erweist, vergißt man leicht, daß der Formalismus nur eine Näherung darstellt. Man verfällt in den Irrtum, daß die physikalischen Objekte selber mathematische Punkte seien. Weil aber der mathematische Punkt eine extreme Größe ist, die keinerlei innere Struktur besitzt, gelangt man dann natürlicherweise zu der Ansicht, daß alle Elementarteilchen zu ein und derselben Ebene gehören und die allerletzten Bestandteile der Materie darstellen.

B. Ein Laie wie ich hätte wohl schwerlich daran glauben können, daß die Elementarteilchen so etwas wie mathematische Punkte sind.

A. Letztendlich hatte das Kind recht, das rief, der

Kaiser habe ja gar nichts an. Meiner Meinung nach unterliegen die Anhänger der orthodoxen Schule der Feldtheorie mehr oder weniger dem Einfluß des mathematischen Mystizismus, wie er von der Schule des PHYTAGORAS vertreten wurde. Befangen in der Illusion, daß es nur auf die Gleichungen ankommt, erscheint es ihnen keinesfalls unnatürlich, die Elementarteilchen durch lokale Felder zu beschreiben, was einer punktförmigen Natur der Teilchen entspricht. Weil über Kopenhagen ein so dicker Nebel liegt, lassen die Leute den Kaiser ohne Kleider durch die Straßen gehen, als ob alles in Ordnung wäre.

B. Wollen Sie damit sagen, daß durch die sogenannte Kopenhagener Interpretation der Quantentheorie den Wissenschaftlern die Rolle der Substanz nicht mehr so bewußt war?

A. Genau. Als man mit der Anerkennung des Korrespondenzprinzips das klassische Modell über Bord warf, wurde das Kind mit dem Bade ausgeschüttet. Im Ergebnis entstand eine Atmosphäre, in der man sogar ein schlechtes Gewissen hatte, wenn man sich vorstellte, daß die Elementarteilchen eine Struktur besitzen.

B. Wurde das Punktmodell aber nicht schon vor längerer Zeit im Zusammenhang mit dem Divergenzproblem angezweifelt?

A. Sicher. Aber es war so, daß diese Zweifel von der Seite der Mathematik oder des physikalischen Formalismus her aufkamen und nicht vom Gesichtspunkt der Physik oder des physikalischen Objektes aus. Einige Wissenschaftler wie HEISENBERG vermuteten lediglich, daß bei richtiger Berücksichtigung der Existenz einer kleinsten Längeneinheit oder „Elementarlänge“ die Quantentheorie zu einem abgeschlossenen Formalismus ohne Divergenzprobleme würde. Aber es gab wohl niemanden, der jemals bezweifelt hätte, daß die Elementarteilchen die allerletzten Bausteine der Materie sind.

Die Feldtheorie ist nicht der Weisheit letzter Schluß

B. Ich möchte gern wissen, ob die Vertreter der Ansicht, daß die Elementarteilchen die allerletzten Bausteine der Materie seien, auch die Feldtheorie als eine letztendliche Theorie (ultimate theory) ansehen.

A. Das ist meine Meinung. Sie stehen auf einer Position, die ich als neues mechanistisches Naturbild bezeichnen möchte: Ihrer Meinung nach ist alle Bewegung in der Natur der Feldtheorie unterworfen, die die Bewegung der Elementarteilchen beherrscht. Natürlich wird der jetzigen Form der Feldtheorie, die längst noch nicht abgeschlossen ist, die Qualität einer letztendlichen Theorie nicht zugesprochen. Die Anhänger der orthodoxen Schule vertreten jedoch die allgemeine Ansicht, daß die Feldtheorie zur letztendlichen Theorie werden wird, sobald man demnächst die Divergenzprobleme überwindet.

B. Ich dachte, daß die Divergenzprobleme mit Hilfe der Methode der Renormierung bereits gelöst seien.

A. Nein, das Problem ist nicht erledigt. Diese Methode hat uns in der Quantenelektrodynamik und in einigen anderen Fällen nur einen genialen Weg gezeigt, wie man solche Schwierigkeiten umgehen kann.

B. Ich vermute aber, daß der bemerkenswerte Erfolg der Renormierung in der Quantenelektrodynamik auf jeden Fall den Glauben daran verstärkt hat, daß die sich auf das Punktmodell gründende Feldtheorie die letztendliche Theorie sein könnte.

A. Das vermute ich auch. Beim zweiten Nachdenken werden Sie jedoch herausfinden, daß dies nicht der Fall ist. Ich sage das aus folgenden Gründen: Damit die Renormierungsmethode wirklich Erfolg hat, müssen zwei Bedingungen erfüllt sein. Erstens müssen die Divergenzschwierigkeiten in der einen oder anderen Weise gelöst sein, so daß die zu renormierenden Größen alle endlich werden. Zweitens ist es aus verschiedenen

Gründen notwendig, daß die möglichen Formen der Wechselwirkung auf die spezielle Form der Wechselwirkungen erster Art beschränkt sind. Ich sage voraus, daß im Rahmen der Feldtheorie keine theoretische Basis gefunden werden dürfte, die die beiden obigen Bedingungen erfüllt. Wenn sich andererseits herausstellt, daß auf dem Gebiet der Mesonentheorie und an anderen Stellen nichtrenormierbare Wechselwirkungen auftreten — wie Wissenschaftler, die sich mit Kernkräften befassen, kürzlich betonten —, so wird die Feldtheorie ihre Schwächen schon früher offenbaren, als man erwartet hat. Dann wird man wohl kaum sagen, daß die Feldtheorie die letztendliche Theorie ist.

B. Ich hörte, daß es schon viele Diskussionen über die Grenze der Anwendbarkeit der Feldtheorie gab.

A. Die bekannteste Diskussion dieser Art betrifft meines Erachtens die von HEISENBERG eingeführte Elementarlänge, von der ich bereits sprach. Den meiner Meinung nach wichtigsten Beitrag leistete jedoch BOHR bereits im Jahre 1930. Zu jener Zeit, die vor der Entdeckung des Neutrons liegt, waren nur das Proton und das Elektron als Bausteine der Materie bekannt. Die Quantenfeldtheorie beschränkte sich auf die Quantenelektrodynamik, die sich mit der Wechselwirkung zwischen diesen Teilchen beschäftigte. In seiner FARADAY-Vorlesung pries BOHR einerseits den Erfolg der Quantentheorie, andererseits wies er auf ihre Schwierigkeiten und die Grenzen ihrer Anwendbarkeit hin. Das Problem, von dem er sagte, daß es mit Hilfe der damaligen Theorie nicht lösbar sei, ist: Wie bestimmt man die Zahlenwerte der beiden dimensionslosen Konstanten, Verhältnis von Protonen- zu Elektronenmasse M/m und Feinstrukturkonstante e^2/hc? Mit der heutigen Theorie könnten wir das Problem folgendermaßen neu formulieren: Wie sind das Massenspektrum der Elementarteilchen und die Struktur der Wechselwirkungen abzuleiten? In das derzeit existierende Gebäude der Feldtheorie sind diese beiden Elemente willkürlich eingeführt. Das Prinzip, mit dessen Hilfe sie zu formulieren sind, muß demzufolge außerhalb der Feldtheorie gesucht werden. Der letzte Punkt ist äußerst wichtig, weil er darauf hinweist, daß die Feldtheorie, selbst wenn sie zu einem abgeschlossenen Formalismus wird, niemals als letztendliche Theorie bezeichnet werden kann.

B. Ich verstehe, worauf Sie hinauswollen. Von dem Standpunkt aus, daß die Elementarteilchen eine bestimmte Schicht in der Struktur der Materie bilden, ist es fast klar, daß es so etwas wie eine letztendliche Theorie prinzipiell nicht geben kann.

A. Sie haben ganz recht. In jedem Fall enthält eine beliebige Theorie – allgemein gesagt – immer irgendwelche zufälligen Elemente. Wenn man ihre Zufälligkeit auf das Niveau der Notwendigkeit heben möchte, dann wird man sich auf eine andere Ebene begeben müssen, die tiefer gelegen ist als jene, auf die sich die ursprüngliche Theorie bezieht. Wenn wir den Umstand bedenken, daß die Gesetze, die die entsprechenden Ebenen beherrschen, sich qualitativ voneinander unterscheiden, dann müssen wir sagen, daß es so etwas wie eine letztendliche Theorie nicht geben kann. Wenn man trotzdem darauf besteht, eine bestimmte Theorie als die letztendliche zu betrachten, dann müssen alle darin enthaltenen zufälligen Elemente als „Vorsehung Gottes" interpretiert werden. An diesem Punkt geben wir die Wissenschaft vollständig auf.

Das HEISENBERGsche Bild von den Elementarteilchen

B. Ich erinnere mich, daß vor etwa zwei Jahren eine Zeitung berichtete, HEISENBERG habe gesagt, nach Abschluß seiner Theorie werde die Physik nicht länger nach tieferen Dingen suchen müssen, sondern sich nur noch in die Breite entwickeln. Glaubt HEISENBERG Ihrer Meinung nach, daß es möglich ist, die letztendliche Theorie zu schaffen?

A. Sein Standpunkt unterscheidet sich etwas von dem der orthodoxen Schule, nach dem die Elementarteilchen den letzten Bausteinen der Materie entsprechen. Er versucht, alle Elementarteilchen als verschiedene Formen ein und derselben Materie, der sogenannten „Urmaterie", zu interpretieren. Seine durch ein Spinorfeld beschriebene Urmaterie genügt einer nichtlinearen Gleichung, die er als Weltgleichung bezeichnet. Diese Weltgleichung liefert das Prinzip, nach dem sich aus der Urmaterie Elementarteilchen bilden. Es wird vermutet, daß durch die Lösung der Gleichung die Existenz sämtlicher Arten von Elementarteilchen und deren Eigenschaften erklärt werden können. Oder, anders gesagt, man kann auf diesem Wege die letztendliche Theorie konstruieren, die die Elementarteilchen einheitlich beschreibt. Wir können sagen, daß diese Theorie sicher über die gewöhnliche Feldtheorie hinausgeht, indem sie das Massenspektrum der Elementarteilchen und die Struktur der Wechselwirkungen abzuleiten gestattet. Außerdem ähnelt sie unserer Theorie, die ich noch erläutern werde, indem sie eine Materieschicht betrachtet, die unterhalb der Elementarteilchen liegt. Seine Theorie unterscheidet sich jedoch darin wesentlich von der unseren, daß sie sowohl an die allerletzten Bausteine als auch an die letztendliche Theorie glaubt. Sein Standpunkt steht in enger Beziehung zu den Ideen der PHYTAGORÄER und des ARISTOTELES im alten Griechenland. Er versteht die Weltgleichung so, daß damit die letzte „causa formalis" erhalten wird. Mit anderen Worten, für HEISENBERG endet die Physik an der Stelle, wo er proklamiert: „Am Anfang war die Weltgleichung", womit er der Theologie das Feld überläßt.

2. *Eine neue Ansicht über die Elementarteilchen*

Vorbemerkungen

B. Würden Sie bitte fortfahren, Ihre neuen Ansichten über die Elementarteilchen darzulegen.

A. Wie Sie aus dem bereits Gesagten entnehmen können, gehe ich von der auf dem dialektischen Materialismus beruhenden Anschauung aus, daß die Elementarteilchen als eine von unendlich vielen Schichten anzusehen sind, die als Ganzes die Natur konstituieren und deren jede sich qualitativ von den anderen unterscheidet. Wenn man diesen Standpunkt einnimmt, entsteht sofort die Frage, ob die etwa 30 Teilchen, die bis jetzt als Elementarteilchen bekannt sind, alle zu ein und derselben Schicht gehören.

B. Ich weiß, daß die Elementarteilchen gewöhnlich in vier Familien eingeteilt werden: Baryonen (p, n, Λ, Σ, Ξ), Mesonen (π, K), Leptonen (ν, e, μ) und Photon (γ).

A. Die Wechselwirkung der Elementarteilchen können wir in drei Kategorien aufgliedern: die starke, die schwache und die elektromagnetische Wechselwirkung. Die eben von Ihnen erwähnte Klassifizierung der Elementarteilchen erfolgte nach der Wechselwirkung, der diese Teilchen unterworfen sind. Alle Baryonen und Mesonen weisen sowohl die starke wie die schwache Wechselwirkung auf, während keines der Leptonen die starke Wechselwirkung besitzt. Auf der anderen Seite wirkt das Photon nur als Vermittler elektromagnetischer Wechselwirkung zwischen geladenen Teilchen. Es besitzt keine andere Wechselwirkung. Baryonen und Mesonen unterscheiden sich voneinander dadurch, daß erstere Fermionen und letztere Bosonen sind. Weil beide Teilchenarten die Eigenschaft der starken Wechselwirkung besitzen, bezeichnen wir sie gelegentlich gemeinsam als „Baryon-Meson-Familie“.

B. Wurde nicht im Zusammenhang mit der starken Wechselwirkung die berühmte NAKANO-NISHIJIMA-GELL-MANN-Regel (N-N-G-Regel) entdeckt?

A. Ja. Diese Regel ist eines der charakteristischsten Merkmale, das die Baryon-Meson-Familie aufweist.

Ein Bausteinmodell für die Baryon-Meson-Familie

B. Sie haben ein Bausteinmodell für die Baryon-Meson-Familie befürwortet. Was war Ihr ursprünglicher Beweggrund dafür? Sollte es die N-N-G-Regel erklären?

A. Genauso ist es. Wenn man den Standpunkt einnimmt, daß die Elementarteilchen die allerletzten Bestandteile der Materie sind, dann kann man die N-N-G-Regel nur als eine „Vorsehung Gottes“ ansehen. Andererseits habe ich gezeigt, daß man zu einem rationalen Verständnis dieses Problems kommen kann, wenn man den Standpunkt der Existenz verschiedener Ebenen so versteht, daß einige Teilchen aus anderen Teilchen zusammengesetzt sind. Die N-N-G-Regel bestimmt die möglichen Formen der starken Wechselwirkung. Deshalb können wir sagen, daß sie eine „Logik der Form“ liefert. Meine Absicht war, die „Logik der Form“ auf das Niveau der „Logik der Materie“ zu heben.

B. Ich verstehe das so, daß nach Ihrem Bausteinmodell die Teilchen der Baryon-Meson-Familie aus den fundamentalen Teilchen p, n, Λ und deren Antiteilchen zusammengesetzt sind (vgl. Tab. 1).

A. Das ist richtig. Für das π-Meson z. B. entspricht mein Modell dem bereits früher von FERMI und YANG [3] vorgeschlagenen Modell. Die Motive für die Aufstellung der beiden Modelle unterscheiden sich jedoch wesentlich: FERMI und YANG hatten wahrscheinlich unter dem Einfluß einer der Denkökonomie ähnlichen Idee einfach die Absicht, die Zahl der Elementarteilchen zu reduzieren, während ich eine definitive

Tabelle 1.

Das Bausteinmodell für die Baryon-Meson-Familie

Teilchen	Symbol	Zusammengesetzte Zustände
Proton	p	Fundamentale Teilchen
Neutron	n	
Λ-Teilchen	Λ	
Σ-Teilchen	Σ	$(p\bar{n}\Lambda)$, $(n\bar{n}\Lambda)$, $(n\bar{p}\Lambda)$
Ξ-Teilchen	Ξ	$(\bar{p}\Lambda\Lambda)$, $(\bar{n}\Lambda\Lambda)$
π-Mesom	π	$(p\bar{n})$, $(n\bar{n})$, $(n\bar{p})$
K-Meson	K	$(p\bar{\Lambda})$, $(n\bar{\Lambda})$

($\bar{p}$, $\bar{n}$, $\bar{\Lambda}$: Antiteilchen)

Methodologie als Leitprinzip hatte, die uns auf der Basis empirischer Fakten, nämlich der N-N-G-Regel, von der „Logik der Form" zur „Logik der Materie" führt.

B. Dürfte ich die Gelegenheit benutzen, Sie nach weiteren Einzelheiten über die Entstehung der Idee zu ihrem Modell zu fragen?

A. Nach der Aufstellung der N-N-G-Regel schien mir, daß die Situation in der Theorie der Baryon-Meson-Familie sehr der Situation ähnelt, die in der Theorie der Atomkerne etwa um das Jahr 1930 bestand. Damals kannte man eine einfache Regel für die Atomkerne: Kerne mit gerader Massenzahl haben ganzzahligen Spin, Kerne mit ungerader Massenzahl besitzen halbzahligen Spin. Aber man verstand nicht, was diese Regel wirklich bedeutete. Nachdem nun im Jahre 1932 das Neutron entdeckt worden war und IWANENKO und HEISENBERG ein Modell vorgeschlagen hatten, das die Atomkerne als Neutron-Proton-Systeme ansah, reduzierten sich die oben erwähnte gerade-ungerade Regel und andere bisher schwer verständliche Eigenschaften der Atomkerne auf eine einfache und klare Logik der Materie. Indem ich mich dieser geschichtlichen Tatsache erinnerte und nach einer Analogie zur Theorie der Atomkerne suchte, gelangte ich zu dem Bausteinmodell. Ich kam auf die Idee, daß im vorliegenden Fall das Λ-Teilchen dieselbe historische Rolle spielen könne wie das Neutron in der Theorie der Atomkerne. Ich war fasziniert, als ich fand, daß sich die mysteriöse „Logik der Form“ plötzlich in eine klare „Logik der Materie“ verwandelte, sobald man die Dinge vom Bausteinmodell aus betrachtet. Zum Beispiel wird in unserem Modell der mysteriöse Begriff der Strangeness durch einen klaren und einfachen Begriff ersetzt, nämlich durch die Zahl der Λ-Teilchen.

Nach meinem Modell gehören die zusammengesetzten Teilchen wie π, K, Σ, Ξ zur selben Ebene wie die Atomkerne. Ich könnte die Situation folgendermaßen illustrieren:

$$\begin{array}{l}\text{Moleküle}\\ \text{— Atome —}\end{array}\left\{\begin{array}{l}\text{Atomkerne}\\ \text{Hyperfragmente}\\ \text{zusammengesetzte Teilchen}\end{array}\right\}\begin{array}{l}\text{— funda-}\\ \text{mentale}\\ \text{Teilchen}\end{array}$$

Aus diesem Grunde wurde von da an unsere Theorie des Bausteinmodells auf einem Wege entwickelt, der parallel zur Atomkerntheorie verläuft und ihrem Muster folgt.

Zuerst schlug MATUMOTO [4] eine Massenformel vor, die der WEIZSÄCKERschen Massenformel für Atomkerne entspricht. Die Formel erhielt man auf der Basis einer extrem einfachen, aber kühnen Annahme. Bekanntlich lieferte sie nicht nur die Massen der wohlbekannten zusammengesetzten Teilchen, sondern sie ermöglichte auch, die Existenz unbekannter Teilchen vorherzusagen.

Als nächstes ist die Theorie von MAKI [5] zu nennen, in welcher er Probleme des π-Mesons vom Standpunkt der Feldtheorie und unter Beachtung der Grenzen ihrer Anwendbarkeit diskutierte. Sie entspricht der Theorie des Deuterons.

B. In einigen Fällen mag die Analogie zu den Atomkernen brauchbar sein. Ich vermute aber, daß sie in anderen Fällen nicht anwendbar ist.

A. Sie haben recht. Im Falle der Atomkerne waren die Gesetze der gewöhnlichen Quantenmechanik auf die Bewegung der Protonen und Neutronen innerhalb des Kerns sicher anwendbar. Im Gegensatz dazu ist es im Falle der zusammengesetzten Teilchen nicht völlig sicher, ob die Quantenfeldtheorie auch im inneren Bereich noch richtig ist. Es ist viel eher wahrscheinlich, daß dort ganz andere Gesetze gelten. Ich glaube aber, daß es nützlich ist, einige korrespondenztheoretische oder andere kühne Ansätze zu versuchen, wobei die oben erwähnten Umstände zu beachten sind.

B. Solange die im Innengebiet geltenden Gesetze noch nicht bekannt sind, könnten — wie ich annehme — gruppentheoretische Betrachtungen, wie sie im Fall der Atomkerne angewandt wurden, eine große Hilfe sein.

A. Ganz recht. Seitdem OGAWA und KLEIN [6] das Konzept der „vollen Symmetrie" in das Bausteinmodell einführten, wurden auf gruppentheoretischer Basis ausführliche Studien betrieben.

Volle Symmetrie

B. Würden Sie bitte etwas näher erläutern, was volle Symmetrie bedeutet?

A. Sie bedeutet, daß die fundamentalen Teilchen, aus denen die zusammengesetzten Teilchen bestehen, nämlich p, n und Λ, genau identisch sind, wenn man ihre Massenunterschiede und Ladungen nicht berücksichtigt. Wie Sie wissen, gilt in einem n-p-System das Konzept der Ladungsunabhängigkeit. Die volle Symmetrie verallgemeinert dieses Konzept, indem auch das Λ-Teilchen einbezogen wird. Mit anderen Worten, zusätzlich zur Ladungsunabhängigkeit fordern wir, daß sich der Inhalt der Theorie auch beim Austausch von p und Λ bzw. n und Λ nicht ändert.

B. Darf ich fragen, ob diese Annahme etwas Neues darstellt?

A. Ja, sie ist neu. Ob sie richtig ist oder nicht, muß auf Grund ihrer Konsequenzen entschieden werden. Auf alle Fälle ermöglicht uns die Annahme der vollen Symmetrie, gruppentheoretische Betrachtungen für zusammengesetzte Teilchen anzustellen. Die Theorie des Bausteinmodells erhielt damit neue Impulse.

B. Welche Gruppe entspricht dann der vollen Symmetrie?

A. Die dreidimensionale unitäre Gruppe. Die Struktur dieser Gruppe wurde ausführlich von IKEDA, OGAWA und OHNUKI [7] studiert.

B. Worin bestehen die Hauptergebnisse der gruppentheoretischen Überlegungen?

A. SAWADA und YONEZAWA [8] stellten eine Beziehung zwischen MATUMOTOS Massenformel und der gruppentheoretischen Betrachtungsweise her und erhielten die Lage der bei Streuprozessen auftretenden Resonanzniveaus. Ihre Ergebnisse stimmten überraschend gut mit Streuexperimenten von π- und K-Mesonen an Nukleonen überein. Obgleich es noch einige Probleme hinsichtlich des Verfahrens gibt, nach dem sie die Korrespondenz zwischen den theoretischen Ergebnissen und den experimentellen Fakten herstellen, ist es meiner Ansicht nach bemerkenswert, daß Übereinstimmung mit den Experimenten in einem so weiten Bereich erzielt wurde.

Außer Resonanzniveaus wird auch die Existenz einiger neuer Teilchen erwartet. Zum Beispiel ist es sehr wahrscheinlich, daß ein neutrales Meson π_0' mit Isospin 0 und ein Σ^*-Teilchen, das dem Σ-Teilchen ähnelt, existieren. Die mögliche Existenz des π_0' war schon früher vorgeschlagen worden, um das Energiespektrum der beim K_{e3}-Zerfall entstehenden Positronen zu erklären. Man sagt auch, daß kürzlich einige Anhaltspunkte für die Existenz des Σ^* gefunden wurden.

Die schwache Wechselwirkung und das Bausteinmodell

B. Ich frage mich, ob das Bausteinmodell auch die schwache Wechselwirkung in neuem Licht erscheinen läßt.

A. Durch das Bausteinmodell wurde es möglich, das Problem der schwachen Wechselwirkung unter einem neuen Blickwinkel zu sehen. Vor allem wird der Umstand, daß sich Teilchen über die schwache Wechselwirkung ineinander umwandeln, deutlicher als eine ihrer charakteristischen Eigenschaften ausgewiesen. Denn wie wir wissen, wandeln sich die fundamentalen Teilchen im Bausteinmodell niemals über die starke Wechselwirkung ineinander um.

B. Meines Wissens ist die Nichterhaltung der Parität für die schwache Wechselwirkung charakteristisch. Kann man die Nichterhaltung der Parität aus der Eigenschaft erklären, daß in schwacher Wechselwirkung die Teilchen selber umgewandelt werden?

A. Wir hoffen es. Bisher hatten wir jedoch in dieser Hinsicht noch keine Ergebnisse.

B. Erhielten Sie noch weitere positive Ergebnisse auf dem Gebiet der schwachen Wechselwirkung?

A. Doch, lassen Sie mich weitere Einzelheiten nennen. Als eine Untersuchung, die bis zu einem gewissen Grad das Wesen der schwachen Wechselwirkung aufklärte, will ich die Arbeit von FEYNMAN und GELL-MANN [9] erwähnen. Ihrer Meinung nach wird die schwache Wechselwirkung durch einen Ladungs-Austausch-Strom J_μ erzeugt, der aus Baryonen und Leptonen besteht (wir wollen sie abkürzend als F-G-Ströme bezeichnen). Die Wechselwirkungsenergie hat die Form $J_\mu{}^* J_\mu$. Nach dem Bausteinmodell gibt es nur drei fundamentale Baryonen p, n, Λ. Mithin haben wir nur zwei mögliche F-G-Ströme, nämlich

zwischen p und n sowie zwischen p und Λ. Daraus können wir die Regel ableiten, daß sich in der schwachen Wechselwirkung die Zahl der Λ-Teilchen (und damit die Strangeness S) höchstens um eine Einheit ändert (d. h. $\Delta S = 0, \pm 1$). Andererseits zeigt die Analyse der Experimente, daß nichts gegen diese Regel spricht. Weiterhin wurde kürzlich die äußerst wichtige Tatsache aufgedeckt, daß die Massendifferenz zwischen K_1^0 und K_2^0 nur von der Größenordnung 10^{-5} eV ist. Gäbe es eine schwache Wechselwirkung, die $\Delta S = \pm 2$ erfüllt, dann würde die Massendifferenz etwa 10 eV betragen.
Wir können also sagen, daß auch diese Tatsache die obengenannte Regel unterstützt.

B. Wie ich sehe, kann man mit Hilfe des Bausteinmodells eine ganze Menge über die schwache Wechselwirkung aussagen.

A. Zu den Regeln, die aus dem Bausteinmodell abgeleitet werden können, gehört weiter, daß es keinen Strom gibt, der der Regel $(\Delta S/\Delta Q) = -1$ genügt. (ΔQ bedeutet die Änderung der elektrischen Ladung). Diese Regel wird experimentell durch die Tatsache gestützt, daß bisher kein Phänomen wie beispielsweise der Zerfall $\Sigma^+ \rightarrow n + e^+ + \nu_e$ entdeckt wurde.

Eine weitere wichtige Folgerung, die ich noch erwähnen muß, besteht darin, daß die Erhaltung des Vektorstromes zwanglos abgeleitet werden kann. Der F-G-Strom besteht allgemein aus einem vektoriellen und einem axial-vektoriellen Anteil. Um den bemerkenswerten Umstand zu deuten, daß die Stärke des Vektorstromes für den β-Zerfall der Atomkerne fast genau mit der entsprechenden Größe für den μ-Zerfall übereinstimmt, führten Feynman und Gell-Mann die Annahme ein, daß der Vektorstrom erhalten bleibt. Vom Standpunkt des Bausteinmodells versteht sich diese Annahme fast von selbst.

Kürzlich erzielte Ohnuki [10] für den Axialvektorstrom ebenfalls ein äußerst bemerkenswertes Ergebnis. Um die Rechnungen von Goldberger und Treiman [11] zu begründen, hatten Gell-Mann und Levy [12] früher angenommen, daß die Diverganz des Axialvektorstromes proportional zum π-Mesonenfeld ist. Jetzt zeigte Ohnuki, daß sich die Absicht von Gell-Mann und Levy im Bausteinmodell in natürlicher Weise verwirklichen läßt.

Die Kiew-Symmetrie und das Nagoya-Modell

B. Durch den Vorschlag des Bausteinmodells wurde die Zahl der Elementarteilchen beträchtlich reduziert. Gibt es insgesamt nur sieben fundamentale Teilchen: p, n und Λ aus der Baryonenfamilie, ν, e und μ aus der Leptonenfamilie und das Photon?

A. Da es zu den Baryonen und Leptonen jeweils Antiteilchen gibt, würde ich sagen, daß es insgesamt dreizehn sind.

B. Sehen Sie irgendeinen Anhaltspunkt für eine mögliche Beziehung zwischen diesen Teilchen?

A. Auf einer internationalen Konferenz in Kiew im Sommer des vorletzten Jahres berichtete Marshak, daß sich bei Beschränkung auf die schwache Wechselwirkung eine bemerkenswerte Ähnlichkeit zwischen der Baryonen- und der Leptonenfamilie finden läßt: Es besteht eine sehr schöne Symmetrie gegenüber dem gleichzeitigen Austausch von $p \leftrightarrow \nu$, $n \leftrightarrow e^-$, $\Lambda \leftrightarrow \mu^-$. Wir nennen diese Eigenschaft „Kiew-Symmetrie" nach dem Ort, an dem zuerst darüber berichtet wurde, oder auch Gamba-Okubo-Marshak-Symmetrie nach ihren Entdeckern. Für die Diskussion der Beziehungen zwischen Baryonen- und Leptonenfamilie gab uns diese Entdeckung jedenfalls wichtige Hinweise.

B. Ich nehme an, daß sich Ihr Leitprinzip von der „Logik der Form" zur „Logik der Materie" hier erneut als sehr wirkungsvoll erweist.

A. Ja, genau das wollte ich sagen. Wir wollen damit beginnen, die drei fundamentalen Teilchen der Baryonenfamilie und die drei Teilchen der Leptonenfamilie in zwei Spalten anzuordnen:

$$\mathrm{p} \leftrightarrow \nu$$

$$\mathrm{n} \leftrightarrow \mathrm{e}^-$$

$$\Lambda \leftrightarrow \mu^-$$

Dann entspricht die Kiew-Symmetrie dem Austausch der rechten und linken Teilchen. Die Beziehung in vertikaler Richtung entspricht andererseits der vollen Symmetrie zwischen p, n und Λ, wovon ich schon sprach. Unser Nagoya-Modell ist nur der Versuch, aus diesen beiden Symmetrien als einer „Logik der Form" die „Logik der Materie" abzuleiten.

Im Nagoya-Modell werden die drei Leptonen als fundamentale Teilchen angesehen. Fügt man eine neue geladene Substanz B^+ hinzu, dann erhält man aus ihnen die fundamentalen Teilchen der Baryonen-Mesonen-Familie p, n und Λ. Diese Reaktion kann man in folgender Form schreiben:

$$\mathrm{p} = \langle \mathrm{B}^+, \nu \rangle\,, \ \mathrm{n} = \langle \mathrm{B}^+, \mathrm{e}^- \rangle, \ \Lambda = \langle \mathrm{B}^+, \mu^- \rangle.$$

Nehmen wir an, daß der Ursprung der schwachen Wechselwirkung den Leptonen zuzuordnen ist und der Ursprung der starken Wechselwirkung der B-Materie, dann erkennen wir, daß sich die Kiew- und die volle Symmetrie beinahe von selber ergeben.

B. Ich verstehe. Von diesem Standpunkt aus ist es völlig überflüssig, einen fiktiven Raum wie den Isospin-Raum einzuführen.

A. Das besondere Merkmal unserer Methodologie besteht ja darin, daß ein mysteriöses Hindernis nach dem anderen aus der Physik verbannt wird. In dieser Hinsicht kann man sagen, daß unsere Arbeiten die Traditionen der Schule von Milet im antiken Griechenland, die gegen die mythologische Interpretation der Natur kämpfte, fortführt.

B. Sicher besteht eine Ähnlichkeit. Es wäre interessant, ν, e^-, μ^- und B^+ mit den vier Elementen des ANAXIMENES Luft, Wasser, Erde und Feuer zu vergleichen.

A. TAKETANI und KATAYAMA [13] sind der Meinung (São-Paulo-Modell), daß der Unterschied zwischen μ und e durch die Art und Weise bestimmt ist, wie sie in sich gefaltet sind (Ladungsverteilung), eine Ausdrucksweise, die den Miletern wahrscheinlich auch gefallen hätte.

B. Nebenbei. ANAXIMENES sagt, daß Luft zu Wasser und Erde wird, wenn sie kondensiert, und zu Feuer, wenn sie verdünnt wird.

B-Materie

B. Gehe ich richtig in der Annahme, daß B^+ ein geladenes BOSE-Teilchen ist?

A. Nein, absolut nicht. Wir sagen deshalb „B-Materie", weil sie nicht einfach als ein Objekt als solches vorstellbar ist. Die Identität der B-Materie und der Mechanismus, nach dem p, n und Λ aus ν, e^-, μ^- und B^+ aufgebaut sind, bleiben zu untersuchende Probleme. Der gegenwärtige Stand der Theorie kann mit der Situation vor der Aufstellung des RUTHERFORDschen Atommodells verglichen werden. Ich meine, man sollte besser jedes irgendwie originelle Modell zur Diskussion stellen. Das Bild, das ich von einem möglichen Modell habe, sieht etwa folgendermaßen aus: Es gibt drei Behälter verschiedener Form, die ν, e und μ entsprechen. Füllt man in jeden B-Materie hinein, dann entstehen p, n und Λ. Geht man davon aus, daß diese Teilchen durch die Aufnahme von B-Materie sehr energiereich werden, so könnte die B-Materie für diese Teilchen so etwas sein wie Bier für den Menschen.

Jedenfalls bin ich mir sicher, daß die B-Materie auf dem Niveau der Quantenmechanik kaum verständlich sein wird. Sie wird vielmehr zum „Subquanten-Niveau" gehören.

Das einheitliche Neutrino-Modell

A. Lassen Sie mich als letztes über TAKETANIS „einheitliches Neutrino-Modell" [14] berichten, das einen weiteren Ausbau unserer Anschauungen über die Elementarteilchen darstellt. Sein São-Paulo-Modell habe ich bereits erwähnt. Die Grundidee dieses Modells besteht darin, daß e und μ als zwei Zustände angesehen werden, in denen ν eine gewisse Ladung erhalten hat (wir wollen sie ε-Ladung nennen). Sie unterscheiden sich in ihrer ε-Ladung. Das einheitliche Neutrino-Modell ist nun eine Kombination von Nagoya- und São-Paulo-Modell: Man erhält die fundamentalen Teilchen des Nagoya-Modells, indem das Neutrino nach den Ideen des São-Paulo-Modells mit ε-Ladung versehen wird. TAKETANI hat vorgeschlagen, daß es in der Zwischenzeit, bis die Identität der B-Materie geklärt ist, zu empfehlen wäre, die B-Materie als eine Art Ladung zu behandeln. In der Tat gelang es MATUMOTO und NAKAGAWA [15] auf der Basis dieser Idee, die Massenformel von MATUMOTO zu begründen.

B. Nach diesem Modell gehen wir also von ν aus und konstruieren alle Teilchen e^-, μ^-, p, n, Λ einfach durch Aufladen des Neutrinos mit ε-Ladung und/oder B-Ladung. Was ist dann mit dem Photon?

A. TAKETANI meint, daß das Photon ein aus e^+ und e^- zusammengesetztes Teilchen sein könne.

B. Nachdem wir nun beim einheitlichen Neutrino-Modell angelangt sind, habe ich wirklich das Gefühl, daß das der endgültige Schluß der Geschichte ist.

A. Sagen Sie das bitte nicht! Die Identität der ε- und B-Ladung muß als neue Art von Materie, die zum Subquanten-Niveau gehört, erforscht werden. Sie sehen, daß selbst das Neutrino unerschöpflich ist. (Wegen weiterer technischer Details siehe Progr. Theor. Phys. Suppl. No 19 (1961).)

Literatur

[1] F. ENGELS, Dialektik der Natur. In: K. MARX, F. ENGELS, Werke, Bd. 20, Berlin 1962, S. 552.
[2] F. ENGELS, Brief an Marx vom 16. 6. 1867. In: K. MARX, F. ENGELS, Werke, Bd. 31, Berlin 1965, S. 304.
[3] E. FERMI und C. N. YANG, Phys. Rev. **76** (1948) 1739.
[4] K. MATUMOTO, Prog. Theor. Phys. **16** (1956) 583.
[5] Z. MAKI, Prog. Theor. Phys. **16** (1956) 667.
[6] S. OGAWA, Prog. Theor. Phys. **21** (1959) 209;
O. KLEIN, Arkiv för Fysik **16** (1959) 191.
[7] M. IKEDA, S. OGAWA, Y. OHNUKI, Prog. Theor. Phys. **22** (1959) 715; **23** (1960) 1075.
[8] S. SAWADA und M. YONEZAWA, Prog. Theor. Phys. **22** (1959) 610; **23** (1960) 662.
[9] R. P. FEYNMAN und M. GELL-MANN, Phys. Rev. **109** (1958) 193.
[10] Y. OHNUKI, Beitrag auf der Konferenz über Elementarteilchenmodelle, Nagoya-Universität, Februar 1961.
[11] M. L. GOLDBERGER und S. B. TREIMAN, Phys. Rev. **110** (1958) 1178.
[12] M. GELL-MANN und M. LEVY, Nuovo Cimento **16** (1960) 705.
[13] M. TAKETANI und Y. KATAYAMA, Prog. Theor. Phys. **24** (1960) 661.
[14] M. TAKETANI und Y. KATAYAMA, Prog. Theor. Phys. Suppl. No. **19** (1961) 189.
[15] K. MATUMOTO und M. NAKAGAWA, Prog. Theor. Phys. **23** (1960) 1181.

10. Elementarteilchentheorie und Philosophie[1])

S. SAKATA

Die Naturforscher mögen sich stellen, wie sie wollen, sie werden von der Philosophie beherrscht.
F. ENGELS, Dialektik der Natur

1. *Yukawa-Theorie und Philosophie*

Vor etwa dreißig Jahren schlug Dr. HIDEKI YUKAWA seine Mesonentheorie vor. Heute zählt das π-Meson zu den uns am meisten vertrauten Elementarteilchen, und die YUKAWA-Theorie des Mesons nimmt eine zentrale Stellung in der Theorie der Elementarteilchen ein. Man muß aber eingestehen, daß vor dreißig Jahren unter den Physikern in der Welt nicht die Atmosphäre herrschte, um den Vorschlag der Mesonentheorie geradewegs zu akzeptieren. Wenn man auf die Situation jener Tage zurückblickt, dann bemerkt man sofort, daß nach der Entdeckung des Neutrons und der darauffolgenden Ausarbeitung der Theorie der Kernstruktur durch HEISENBERG und IWANENKO die Aufstellung der Mesonentheorie als der natürliche Gang des Fortschritts zu erwarten war. Die positivistische Philosophie, die damals unter den Wissenschaftlern herrschte, war aber absolut unvereinbar mit der gedanklich strengen Methodologie, die der YUKAWA-Theorie zugrunde lag, und mit der Einführung einer neuen Art von Elementarteilchen. Der starke und alles unterdrückende Einfluß der positivistischen Philosophie spiegelt sich deutlich in der Tatsache wider, daß die Neutrino-Hypothese, die PAULI einige Jahre vor der YUKAWA-Theorie aufstellte, nie als Artikel in einer wissenschaftlichen Zeitschrift erschien. Nach dem zweiten Weltkrieg wurde die Existenz des π-Mesons experimentell

---

[1]) Erste Veröffentlichung anläßlich des 30. Jahrestages der Aufstellung der YUKAWA-Theorie in Kagaku (Wissenschaft) **35** (1965) 202 (jap.); vorgetragen auf dem LENIN-Symposium der UNESCO, 1970.

bestätigt, und mit Hilfe eines großen Beschleunigers gelang die Erzeugung von π-Mesonen. Damit mußten die Physiker in der ganzen Welt die Yukawa-Theorie sowie die Zwei-Mesonen-Theorie und die Zwei-Neutrino-Theorie, die der Autor in Erweiterung der Yukawa-Theorie vorgeschlagen hatte, akzeptieren. Trotz dieser Fortschritte änderte sich die in Kreisen der Wissenschaftler herrschende Philosophie nicht. Wie ein dicker Dunstschleier lag der Positivismus seit Beginn dieses Jahrhunderts über allen Gebieten der Wissenschaft. Es ist eine bekannte Geschichte, daß sozusagen noch in der letzten Nacht vor der Entschlüsselung der inneren Struktur des Atoms unter den Physikern eine Diskussion geführt wurde, die Skeptizismus über die Objektivität des Atoms zum Ausdruck brachte. Führend waren dabei Ostwald und Mach. Der Zeitpunkt, zu dem Yukawa seine Theorie vorschlug, fiel mitten in einen revolutionären Entwicklungsabschnitt der Kernphysik. Die positivistische Philosophie der von Bohr geführten Kopenhagener Schule zeigte sich unfähig, dieser Revolution eine richtige Perspektive zu geben. Nach dieser Periode verschob sich die Front der Physik von den Problemen der Atomkerne zu den Problemen der Elementarteilchen. Heute geht man noch weiter und dringt in die Probleme der inneren Struktur der Elementarteilchen selbst ein. Wenn man die Lehren der Geschichte vergißt und sich nicht von den Fesseln des Positivismus befreit, dann wird man denselben fatalen Fehler bestimmt immer und immer wiederholen.

Unmittelbar nach der Aufstellung der Yukawa-Theorie veröffentlichte Mituo Taketani seine Drei-Stadien-Theorie der Entwicklung der Erkenntnis und klärte die methodologische Bedeutung der Yukawa-Theorie. Diese Philosophie ermöglichte es, den Positivismus in Japan zurückzudrängen und eine tragfähige Perspektive für die Entwicklung der Wissenschaft zu begründen. Es ist nicht übertrieben, wenn man Taketanis Philosophie als Rückgrat für die Herausbildung der japanischen Tradition in der Theorie der Elementarteilchen ansieht.

2. *Die dialektisch-philosophische Auffassung der Natur und Taketanis Philosophie*

Die Physik unseres Jahrhunderts wird durch die beiden folgenden Merkmale charakterisiert: einmal durch die Erkenntnis der Schichtstruktur der Natur, insbesondere durch eine Serie von Entdeckungen neuer Schichten der Mikrowelt, nämlich der Moleküle, Atome, Atomkerne und Elementarteilchen, und zum anderen durch die Einsicht, daß es für physikalische Gesetze Gültigkeitsgrenzen gibt, insbesondere daß die NEWTONsche Mechanik nicht die ewige Wahrheit in Perfektion ist. Im Ergebnis entstand folgendes Naturbild: In der Natur existiert eine unendliche Anzahl von Schichten, die sich voneinander qualitativ unterscheiden; dazu gehören die Galaxien und das Sonnensystem als Beispiele im großen und die Moleküle, Atome und Elementarteilchen als Beispiele im kleinen. Jede dieser Schichten wird durch ihre eigenen physikalischen Gesetze beherrscht. Sie befinden sich alle im Zustand ständiger Erzeugung und Vernichtung. In ihrer Korrelation und wechselseitigen Abhängigkeit stellen sie die Natur in ihrer Einheit dar. Diese Anschauung ist als die dialektisch-philosophische Auffassung der Natur bekannt. Sie wurde bereits am Ende des neunzehnten Jahrhunderts von ENGELS vorgebracht. Zusammenfassend kann man sagen, daß die Atomphysik des zwanzigsten Jahrhunderts die dialektisch-philosophische Auffassung der Natur wiederentdeckte.

Sobald die wissenschaftliche Forschung in eine neue und unbekannte Schicht der Natur eindringt, verlieren meistens die in der vorangegangenen Schicht aufgestellten physikalischen Begriffe und Gesetze ihre Gültigkeit. Unter solchen Umständen muß man sich hauptsächlich auf experimentelle Fakten stützen. Daher ist es ganz natürlich, wenn der erste Schritt in die neue Schicht mit einem phänomenologischen Stadium beginnt, d. h., mit einem Stadium der Forschung, das die Erscheinungen beschreibt, wie sie sind. Falls sich ein Physiker allzu sehr von der Neuartigkeit der neuen Erscheinungen beeindrucken läßt und das Vertrauen in die zur alten Schicht gehörenden Begriffe vollständig aufgibt, wird er leicht in eine skeptizistische Haltung sogar gegenüber der Realität des objektiv Existierenden verfallen. Er wird sich von den Philosophien des Positivismus und Empirizismus einfangen lassen, weil er glaubt, daß ausschließlich die Erfahrung ihm eine Grundlage bietet. Wenn er andererseits in den Begriffen und Gesetzen der alten Schicht stecken bleibt und die neuen Ideen, die sich durch die neuen Experimente aufdrängen, nicht beachtet, dann ist das eine halsstarrige metaphysische Position. Für diese beiden entgegengesetzten Tendenzen lassen sich in der Geschichte der Wissenschaft zu Beginn dieses Jahrhunderts viele Beispiele anführen. So glaubten viele an die Energetik von OSTWALD und an die Denkökonomie von MACH, was LENIN in seinem Werk „Materialismus und Empiriokritizismus" kritisierte. Außerdem gab es ernsthafte Kontroversen der Anhänger von MACH und OSTWALD mit Wissenschaftlern, die wie PLANCK und BOLTZMANN auf dem Standpunkt der alten Atomisten standen. Bei der Entstehung der Quantenmechanik kam es zu einem Meinungsstreit zwischen der vom Positivismus beeinflußten Schule der Matrixmechanik und der zum Realismus neigenden Schule der Wellenmechanik. Selbst nach Aufstellung der Quantenmechanik gab es derartige Diskussionen über eine längere Zeit zwischen BOHR und EINSTEIN.

Nach dem phänomenologischen Stadium kommt das Stadium, in dem in der neuen Schicht die Substanz entdeckt wird, die den neuen Phänomenen zugrunde liegt. Im nächsten Stadium werden dann die neuen Gesetze aufgedeckt, die diese neue Schicht beherrschen. MITUO TAKETANI bezeichnete diese beiden Stadien als das substantielle und das essentielle Stadium. Seine Theorie bringt zum Ausdruck, daß die Erkenntnis der Natur ein dialektisch-philosophischer Prozeß ist, der spiralförmig voranschreitet, wobei ein Umlauf der Spirale aus drei

Stadien — phänomenologisches, substantielles und essentielles Stadium — besteht. Seine Theorie hat die Dialektik der Natur zur Grundlage, nämlich die Schichtstruktur der Natur selbst. In der Quantenmechanik z. B. gehört die Entdeckung von Regularitäten bei den Atomspektren zum phänomenologischen Stadium. Die Aufstellung des RUTHERFORDschen Atommodells und die Entwicklung der alten Quantentheorie durch BOHR entsprechen dem substantiellen Stadium. Die abschließende Form der Quantenmechanik bildet das essentielle Stadium. An dieser Stelle sei darauf hingewiesen, daß eine essentielle Theorie immer phänomenologische Bestandteile enthält, die den Keim für die zukünftige Entwicklung zu tieferen Schichten der Natur in sich tragen. Wie BOHR bereits im Jahre 1930 richtig feststellte, enthält die Quantenmechanik Größen, die aus dem gesamten System der Theorie nicht abgeleitet werden können, sondern die von außen als zufällige Elemente vorgegeben sind. Er wies auf das Massenverhältnis von Proton und Elektron und auf die Feinstrukturkonstante hin, die die Stärke der elektromagnetischen Wechselwirkung bestimmt. Im nächsten Kapitel werden wir sehen, daß diese zufälligen Elemente mehr und mehr die Aufmerksamkeit der Wissenschaftler auf sich ziehen und den Durchbruch zur weiteren Entwicklung der Physik bestimmen.

Nach Aufstellung der Quantenmechanik schlug BOHR die Idee der Komplementarität als deren philosophische Grundlage vor. Diese Idee ist das Rückgrat der Kopenhagener Interpretation der Quantenmechanik. Die Philosophie der Komplementarität lieferte insofern eine dialektisch-philosophische Auffassung der Quantenmechanik, als das Komplementaritätsprinzip eine wesentliche Regel darstellt, die dem Quantenphänomen des Widerspruchs zwischen Wellencharakter und Teilchencharakter zugrunde liegt. Sie klärte jedoch nicht die dialektisch-philosophische Beziehung zwischen der Logik im substantiellen Stadium und der Logik im essentiellen Stadium auf, so daß sie die Ausbreitung der positivistischen Tendenzen in der Kopenhagener Schule mit verursachte. Und diese Tendenzen erhielten zusätzlichen Auftrieb durch das kritiklose Festhalten an den beiden Thesen VON NEUMANNS, die dieser streng mathematisch bewiesen hatte.[1]) Eine Besonderheit der Kopenhagener Interpretation besteht darin, daß sie die SCHRÖDINGER-Gleichung als ein von vornherein gegebenes Gesetz ansieht und ihre Aufmerksamkeit auf die Interpretation mit Hilfe der Logik der Komplementarität konzentrierte, also auf das Problem, wie die Erscheinungen mit der SCHRÖDINGER-Gleichung verknüpft sind. Wenn man jedoch daran geht, die Quantenmechanik auf irgendein konkretes Objekt anzuwenden, dann muß man mit der Aufstellung der SCHRÖDINGER-Gleichung selbst beginnen. Für dieses Vorhaben benötigt man substantielles Wissen z. B. darüber, aus welchen Substanzen das Objekt zusammengesetzt ist und welcher Typ von Kräften zwischen seinen Komponenten wirkt. Dieser Punkt war anfangs mit dem BOHRschen Korrespondenzprinzip klar verstanden worden. Aber die weitere Entwicklung ließ die Kopenhagener Schule, BOHR eingeschlossen, die wichtige Rolle der Substanz mehr und mehr vergessen. Der Grund dafür besteht darin, daß die Kopenhagener Interpretation den Standpunkt der Kontemplation („appreciation“) einnimmt. Im Gegensatz dazu steht die Philosophie TAKETANIS auf dem Standpunkt der Praxis. Aus diesem Grunde wies TAKETANI darauf hin, daß die substantiellen Kenntnisse ein unveräußerliches Element des ganzen theoretischen Systems sind. Er unterstrich die wichtige Rolle des substantiellen Stadiums in der Naturerkenntnis. Es ist in der Tat ein herausragendes Verdienst TAKETANIS, daß er mit Hilfe seiner „Drei-Stadien-Theorie“ eine tiefschürfende Analyse der modernen Physik vornahm und dabei die Situation in der Physik als ein Stadium definierte, in dem sie ihre Probleme mit Hilfe

---

[1]) Vgl. hierzu auch S. 124: S. SAKATA, Über die Interpretation der Quantenmechanik.

substantieller Begriffe ordnete und nach einem Weg zum essentiellen Stadium suchte. Aus diesem Grunde hob er mit besonderem Nachdruck die methodologische Bedeutung der YUKAWA-Theorie hervor. Es war die Philosophie TAKETANIS, die uns ermutigte und die uns die philosophische Grundlage dafür lieferte, das neutrale Meson einzuführen und die Zwei-Mesonen- sowie die Zwei-Neutrino-Theorie vorzuschlagen.

3. *Der dialektisch-philosophische Standpunkt zu den Elementarteilchen und die Methode des Bausteinmodells*

Die Zahl der bekannten Elementarteilchen hat in den letzten zehn oder zwanzig Jahren in bemerkenswerter Weise zugenommen. Nach der Entdeckung der V-Teilchen[25] durch G. ROCHESTER und C. BUTLER im Jahre 1947 bestätigte das Experiment die Existenz einer Gruppe von Elementarteilchen, die man als „neue Teilchen" bezeichnete. In jüngster Zeit lieferten Experimente an großen Beschleunigern Informationen über das Auftreten einer Vielzahl von Teilchen mit sehr kurzer Lebensdauer, der sogenannten „Resonanzen". Wie kann man die Existenz einer solchen Vielfalt von Elementarteilchen verstehen? Von der dialektisch-philosophischen Auffassung der Natur ausgehend, können die Elementarteilchen nicht als allerletzte Bestandteile der Materie angesehen werden wie die Atome in der antiken griechischen Naturphilosophie. Sie sind vielmehr ebenso wie Moleküle, Atome und Atomkerne als eine der unendlich vielen Schichten in der Natur anzusehen. Die verschiedenen Regularitäten, die man in den Eigenschaften der Elementarteilchen fand – wie Massenspektrum, Struktur ihrer Wechselwirkung, Symmetrieeigenschaften usw. –, sollten nicht als eine durch den „Ratschluß Gottes" gegebene „forma" aufgefaßt werden. Man muß vielmehr nach einer „causa formalis" in der Schicht unterhalb der Elementarteilchen Ausschau halten.

Von diesem Standpunkt aus schlug der Autor im Jahre

1955 das Bausteinmodell der Elementarteilchen vor, eine Hypothese, die behauptet, daß alle stark wechselwirkenden Elementarteilchen aus den Teilchen und Antiteilchen dreier fundamentaler Teilchen, nämlich Proton, Neutron und Λ-Teilchen, zusammengesetzt sind.[1]) Das Modell beabsichtigte, die NAKANO-NISHIJIMA-GELL-MANN-Regel für stark wechselwirkende Elementarteilchen aufzugreifen und sie zu begründen. Der Gedanke, daß die Existenz dreier „fundamentaler Teilchen" eine „causa formalis" für die obige Regel darstellt, läßt sich mit der alten Idee vom „Atom" vergleichen, die als Grundlage für die in chemischen Reaktionen gefundenen Gesetzmäßigkeiten — „Gesetz der konstanten Proportionen" und „Gesetz der multiplen Proportionen" — eingeführt wurde. Ein Charakteristikum des Bausteinmodells besteht darin, daß es die als „Logik der Form" für die Schicht der Elementarteilchen aufgestellte NAKANO-NISHIJIMA-GELL-MANN-Regel durch die „Logik der Materie" einer tieferen Schicht ersetzt. Die Wahl von Proton, Neutron und Λ-Teilchen als die drei fundamentalen Teilchen ist zufällig. Das Wesen des Modells liegt in seiner Methodologie zur Entdeckung der „Logik der Materie" über die „Logik der Form". Mit einem Zitat des antiken chinesischen Philosophen ZHUANGZI, den YUKAWA sehr verehrte, könnten wir das wie folgt ausdrücken: „Das allen Dingen innewohnende Gesetz ergibt sich auf der Grundlage von himmlischer und irdischer Schönheit."

Solange man auf dem Standpunkt beharrt, daß die Elementarteilchen die allerletzten Bestandteile der Materie sind, wird die Methode der Quantenfeldtheorie der einzige Weg zum Studium der Elementarteilchen sein. Vom Standpunkt des Bausteinmodells aus betrachtet man die Elementarteilchen jedoch, ähnlich wie einen Atomkern, als Vielteilchensystem, so daß es wie in

---

[1]) Vgl. hierzu auch S. 146: S. SAKATA, Dialoge über neue Vorstellungen zu den Elementarteilchen; ferner Prog. Theor. Phys. 16 (1956) 686.

der Kernphysik verschiedene Wege gibt, Elementarteilchen zu untersuchen. Außerdem ermöglicht das Modell, verschiedene theoretische Methoden heranzuziehen – die gruppentheoretische Methode, die Methode der S-Matrix, die Methode nichtlokaler Felder, die nichtlineare Feldtheorie usw. – und zwar nicht als einander ausschließend, sondern als miteinander korrelierend, als zueinander komplementär. Das ist eine weitere Eigenschaft des Bausteinmodells.

Die gruppentheoretische Methode ist einer unter verschiedenen Wegen, die vom Bausteinmodell ausgingen. Bis heute erzielte sie die meisten positiven Ergebnisse, indem sie ihre Effektivität bei der Klassifizierung der bekannten und bei der Vorhersage neuer Elementarteilchen unter Beweis stellte. Im Jahre 1959 wiesen Ogawa und Klein unabhängig voneinander darauf hin, daß die drei fundamentalen Teilchen in der starken Wechselwirkung die gleiche Rolle spielen. In guter Näherung besteht zwischen diesen drei Teilchen eine vollständige Symmetriebeziehung. Das war der erste Schritt zu einer gruppentheoretischen Behandlung der Elementarteilchen. Dann fanden Ikeda, Ohnuki und Ogawa, daß die dreidimensionale unitäre Gruppe U_3 eine vollständige Symmetriegruppe bildet. Sie versuchten, die Elementarteilchen nach den irreduziblen Darstellungen dieser Gruppe zu klassifizieren (1959). Zum Beispiel brachten sie die drei fundamentalen Teilchen mit ihrer dreidimensionalen, die π- und K-Mesonen mit der achtdimensionalen Darstellung in Verbindung, wobei die Mesonen als Zweiteilchensystem aus einem fundamentalen Teilchen und seinem Antiteilchen betrachtet werden. Im Ergebnis sagten sie die Existenz eines neuen Mesons mit dem Isospin 0 und den gleichen räumlichen Eigenschaften (Parität) wie π- und K-Mesonen voraus. Ein derartiges Meson wurde später experimentell nachgewiesen und η-Meson genannt.

Die weitere Entwicklung der gruppentheoretischen Methode und das über Resonanzen gesammelte experimentelle Material bewiesen die Gültigkeit des Bausteinmodells und machten gleichzeitig in gewisser Hinsicht seine Modifikationen notwendig. Insbesondere wiesen GELL-MANN (1962) [1] und NE'EMAN (1961) [2] darauf hin, daß die Klassifizierung der Baryonen besser gelingt, wenn man ein Proton, ein Neutron und ein Λ-Teilchen zusammen mit den Σ-Teilchen und den Ξ-Teilchen als zu einer achtdimensionalen Darstellung gehörig auffaßt. Wenn sich die vorgeschlagene Korrespondenz als richtig erweist, dann sind das reale Proton, das Neutron und das Λ-Teilchen nicht die fundamentalen Teilchen des Bausteinmodells. Man wird viel mehr nach der Existenz von „Ur-Baryonen-Teilchen" suchen müssen, die ähnliche physikalische Eigenschaften besitzen wie die drei ursprünglich vorgeschlagenen Elementarteilchen. Gegenwärtig gibt es eine Vielzahl von Möglichkeiten für die Wahl der fundamentalen Teilchen, so daß man noch zu keinem endgültigen Schluß gekommen ist. Man könnte die von GELL-MANN (1964) [3] vorgeschlagenen Quarks anführen, die eine der einfachsten und geringsten Modifikationen des ursprünglichen Modells darstellen. Die Quarks haben die seltsame Eigenschaft, gebrochene Ladungen zu besitzen. Man darf diesen Punkt aber nicht zu ernst nehmen, da sie zur Schicht einer Super-Quantenmechanik gehören. Vielmehr sollte man der sich ausbreitenden Seuche von gruppentheoretischen Modellen sowie den positivistischen Tendenzen mit Vorsicht begegnen, die die „Logik der Form", zum Beispiel die Symmetrieeigenschaften, als letztendliches Prinzip der Physik fixieren und die Einführung von „Substanzen" wie den Quarks nur als eine Konvention bei der Entdeckung der „Logik der Form" ansehen.

Im Jahre 1959 kamen wir mit der Methode des Bausteinmodells wieder einen Schritt voran, indem wir das Nagoya-Modell vorschlugen, das eine Vereinheitlichung der Baryonen und Leptonen anregte. Dann schlugen TAKETANI und KATAYAMA das „einheitliche Neutrino-

Modell" vor (1960). Im Nagoya-Modell wird angenommen, daß jedes der drei fundamentalen Teilchen aus einem der drei Leptonen – Neutrino, Elektron und μ-Meson – sowie der „B-Materie" besteht, die das Material der Subquantenschicht darstellt. Im einheitlichen Neutrino-Modell nimmt man an, daß das Neutrino unter den drei Leptonen fundamental ist, während die anderen Leptonen aus einem Neutrino unter Hinzufügung von ε-Ladung gebildet werden. Das Nagoya-Modell ist dadurch charakterisiert, daß von der „vollständigen Symmetrie" als einer „Logik der Form" übergegangen wird zur „B-Materie" als einer „Logik der Materie", wobei man gleichzeitig den Symmetrieeigenschaften zwischen den Baryonen und den Leptonen, wie man sie bei der schwachen Wechselwirkung beobachtet, eine „Logik der Materie" zuordnet, indem die innere Struktur der fundamentalen Teilchen ein Lepton enthält. Man erkennt hierin eine getreue Anwendung der Methode des Bausteinmodells, mit der man von der „Logik der Form" zur „Logik der Materie" übergeht. Im einheitlichen Neutrino-Modell schreibt man Homogenität und Heterogenität der drei Typen von Leptonen der unterschiedlichen Art und Weise zu, in der ein Neutrino mit ε-Ladung versehen wird. Auch dieses Modell gründet sich also auf die gleiche philosophische Methodologie. Die spätere Entdeckung von zwei Neutrinoarten führte zu einer Abänderung des Modells derart, daß nur ein spezieller, aus den beiden Neutrinos superponierter Zustand mit B-Materie versehen wird (1962). Das modifizierte Nagoya-Modell ist besser als das ursprüngliche, weil es eine natürliche Interpretation für den sogenannten CABIBBO-Winkel[26] liefert.

Die Hauptprobleme liegen in der Frage, welches die fundamentalen Teilchen des Bausteinmodells sind. Vom Standpunkt des Nagoya-Modells aus stellt man jedoch fest, daß die Vielzahl der bis jetzt veröffentlichten Modelle sich nur unwesentlich voneinander unterscheidet. Alle diese Unterschiede lassen sich auf unterschiedliche

Eigenschaften der angenommenen B-Materie zurückführen. Zum Beispiel entspricht das Quark-Modell einer B-Materie mit der Ladung 2/3 und der Baryonenzahl 1/3, das „Quartett-Modell" von Maki und Ohnuki (1964) [4] und das Doppel-Triplett-Modell von van Hove (1964) [5] der Einführung einer neutralen B-Materie neben der gewöhnlichen geladenen B-Materie. Selbst wenn die fundamentalen Teilchen nicht direkt beobachtbar sind, kann die Nicht-Beobachtbarkeit einer speziellen Eigenschaft der B-Materie zugeschrieben werden, wie das Taketani und Katayama (1965) [6] in ihrem Neutrino-Core-Modell diskutierten.

Ein weiterer wichtiger Punkt des Nagoya-Modells besteht darin, daß dieses Modell alle Erfolge des ursprünglichen Bausteinmodells hinsichtlich der Probleme der schwachen Wechselwirkung übernommen hat, zum Beispiel die Erhaltung des Vektorstromes. Das unterstreicht die Bedeutung der Position, von der aus das Nagoya-Modell formuliert wurde.

Im Zusammenhang mit dem Bausteinmodell gibt es noch ein weiteres wichtiges Problem. Das ist die Frage, ob die Mesonen zu einer anderen Schicht als die Baryonen gehören könnten. Das ursprüngliche Bausteinmodell erwies sich für Mesonen als erfolgreich, ohne auf solche Schwierigkeiten zu stoßen, wie sie bei Baryonen auftreten. Wir sprachen bereits von den verschiedenen Abänderungen des Modells, die in Zusammenhang mit diesen Schwierigkeiten vorgeschlagen wurden, die jedoch hinsichtlich der Mesonenfamilie alle etwa dem ursprünglichen Modell gleichen. Es bleibt jedoch ganz prinzipiell folgende Frage offen: Entweder sind die Mesonen unmittelbar aus den fundamentalen Teilchen zusammengesetzt oder aber die Baryonen sind unmittelbar zusammengesetzt und die Mesonen bestehen aus einem Baryon und einem Antibaryon, so wie sich die Moleküle aus Atomen bilden. Wem die dialektisch-philosophische Betrachtungsweise nicht bewußt ist, der wird vielleicht nur an die erste Möglichkeit denken. Die Beantwortung dieser Frage ist jedoch für den künftigen Fortschritt der Elementarteilchentheorie sehr wichtig. Tatsache ist, daß es bisher noch nicht gelang, die mögliche Existenz der fundamentalen Teilchen experimentell nachzuweisen, was mehr für die zweite Möglichkeit spricht. Man darf hoffen, daß der zukünftige Fortschritt der Physik hoher und sehr hoher Energien diese Frage klären wird.

Vor allem aber denke ich, daß sich das Modell der Elementarteilchen in seiner konkreten Form stufenweise entsprechend dem Fortschritt des Experiments verändern wird. Wenn man sich auf eine einzige Form versteift und keinerlei Alternative zuläßt, dann ist das eine metaphysische Anschauungsweise, die nichts mit dem dialektisch-philosophischen Standpunkt zu tun hat. Die Methode des Bausteinmodells – der Übergang von der „Logik der Form" zur „Logik der Materie" – wird sich stets in der Auseinandersetzung mit positivistischen Philosophien entwickeln. Dabei ist das gegenwärtige abstrakte gruppentheoretische Herangehen nur insofern nützlich, als es eine Festlegung auf ein bestimmtes konkretes Modell, das auf einer bestimmten Stufe des experimentellen Fortschritts gewonnen wurde, verhindert. Wenn man diesen Hinweis mißachtet und bedenkenlos den Weg der Abstraktion verfolgt, dann verbreitet man nur die Ansicht, daß es das höchste Ziel sei, die Symmetrieeigenschaften als eine „Vorsehung Gottes" zu entdecken. Die Physik würde zur Theologie entarten. Die gleiche Kritik gilt auch für die Methode der S-Matrix, die die innere Struktur der Elementarteilchen umgehen will und das Problem weit außerhalb der Elementarteilchen anpackt. Vor einiger Zeit kritisierte ich die moderne Theorie der Elementarteilchen, indem ich ihr drei Sünden vorwarf: „Vergessen der Geschichte" (oblivion of the history), „Empirizismus" (empiricism) und „Fixierung" einzelner Modelle (fixation). Als abschließende Bemerkung möchte ich an dieser Stelle nochmals auf diese drei Sünden hinweisen.

Literatur

[1] M. GELL-MANN, The Eightfold Way: A Theory of Strong Interaction Symmetry, California Institute of Technology, Synchrotron Laboratory Report CTSL-20 (1961). (The Eightfold Way, ed. by M. GELL-MANN and Y. NE'EMAN, W. A. Benjamin Inc. New York, 1964, S. 11.)
[2] Y. NE'EMAN, Nucl. Phys. **26** (1961) 222.
[3] M. GELL-MANN, Phys. Letters **8** (1964) 214.
[4] Z. MAKI and Y. OHNUKI, Prog. Theor. Phys. **32** (1964) 144.
[5] H. BACRY, J. NUYTS and L. VAN HOVE, Phys. Letters **8** (1964) 279.
[6] Y. KATAYAMA and M. TAKETANI, Prog. Theor. Phys. **33** (1965) 1141.

Nachwort zur deutschsprachigen Ausgabe

Aus Anlaß der Publikation dieser deutschsprachigen Ausgabe möchte ich drei Dinge erwähnen. Erstens soll auf die Art und Weise, in der unsere auf dem dialektischen Materialismus basierende Methodologie – nach unseren Bezeichnungen die Drei-Stadien-Theorie – unsere Forschungen auf dem Gebiet der Elementarteilchentheorie geleitet hat, eingegangen werden. Ferner sollen die wissenschaftlichen Leistungen von S. SAKATA, der kürzlich verstarb, gewürdigt werden. Drittens will ich meine Meinung zum gegenwärtigen Stand der Elementarteilchenphysik darlegen.

L. M. BROWN aus den USA, der vor einiger Zeit Japan besuchte, um die Geschichte der Mesonentheorie zu studieren, stellte mir die Frage, ob unsere Methodologie für die Forschungen zur Mesonentheorie wirklich notwendig gewesen sei, da diese Theorie in den Jahren 1937/1938 unabhängig von uns auch in England ohne eine solche Methodologie entwickelt worden ist. Ich antwortete auf diese Frage folgendermaßen: Zu jener Zeit war Japan in der wissenschaftlichen Forschung ein unterentwickeltes Land. Es gab fast keine erwähnenswerte Tradition in der Entwicklung der Physik. Alle, die gute Arbeiten schrieben, hatten in Europa oder Amerika Physik studiert. YUKAWA, SAKATA und auch ich selber kannten das Physikstudium in europäischen oder amerikanischen Ländern nicht aus eigener Erfahrung. Wir mußten die neue Physik unabhängig und selbständig ebenso gut wie die europäischen und amerikanischen Physiker entwickeln, die in ihren Ländern mit reichen wissenschaftlichen Traditionen unter der Führung vieler großer Meister ohnehin gute Leistungen erbrachten. Wir mußten deshalb unseren Weg in das neue Gebiet bahnen, indem wir gerade über die Methodologie bewußt nachdachten.

Ferner gingen die Zwei-Mesonen- und die Zwei-Neutrino-Theorie, die von SAKATA und seiner Gruppe 1942 vorgeschlagen wurden, schon durchaus über den Entwicklungsstand der fortgeschrittenen Länder in Europa und Amerika hinaus. Es ist wohl klar, daß die Drei-Stadien-Theorie bei der Entwicklung dieser Theorien bewußt angewendet worden ist. Ebenso ist einsichtig, daß die C-Mesonen-Theorie, die SAKATA während des zweiten Weltkrieges vorschlug und die zur Renormierungsmethode von TOMONAGA hinführte, auf der Grundlage der Drei-Stadien-Theorie in Angriff genommen wurde. Nach dem zweiten Weltkrieg waren wir in der Mesonentheorie der Kernkräfte mit großen Schwierigkeiten konfrontiert, die wir mit Hilfe der Drei-Stadien-Theorie lösten. Als ab 1947 in der kosmischen Strahlung ein neues Teilchen nach dem anderen entdeckt wurde, arbeiteten junge japanische Physiker an den theoretischen Entwicklungen mit und wandten dabei SAKATAS Methode der Zwei-Mesonen-Theorie an, um die Phänomene zu ordnen.

Im Jahre 1955 schlug SAKATA eine synthetische Theorie der Elementarteilchen vor, die diese neuen Teilchen einschließt. Im SAKATA-Modell wird angenommen, daß die Elementarteilchen aus fundamentalen Teilchen aufgebaut sind. Dadurch wurde der Anstoß zu gruppentheoretischen Untersuchungen der Elementarteilchen in späteren Jahren gegeben. Das SAKATA-Modell beruht auf der philosophischen Annahme einer vielschichtigen Natur der Materie, für die SAKATA die Worte LENINS anführt: „Auch das Elektron ist unerschöpflich." Eine geringfügige Modifikation des SAKATA-Modells, die vorgenommen wurde, um es an spätere experimentelle Ergebnisse anzupassen, ist heute unter dem Namen GELL-MANN-Theorie im Umlauf, weil GELL-

MANN und andere das Reklamewort „Quark" propagierten.

Das SAKATA-Modell wurde zum Nagoya-Modell und ferner über das Sao-Paulo-Modell zum einheitlichen Neutrino-Modell weitergeführt. (Hierzu liegt ein vollständiger Bericht in Prog. Theor. Phys. Suppl. No. **19** (1961) vor.) Alle diese Entwicklungen wurden mit unserer Methodologie zustandegebracht. Einer Anregung durch das SAKATA-Modell folgend, schlug SUN-ICHI HASEGAWA im Jahre 1961 bei der Untersuchung der Feuerball-Phänomene in der kosmischen Strahlung die H-Quanten-Hypothese vor. Diese Untersuchung wurde später in einer japanisch-brasilianischen Zusammenarbeit beim Studium der kosmischen Strahlung fortgesetzt, wodurch die SH- und UH-Quanten entdeckt wurden.[27] Auch das Centauro-Ereignis[28], das heute in der ganzen Welt Beachtung findet, wurde durch diese Zusammenarbeit entdeckt. Die Untersuchungen der kosmischen Strahlung waren stets mit methodologischen Diskussionen verbunden.

Auf dem Gebiet der Astrophysik förderten wir unsere Studien durch methodologische Überlegungen. Auf der Grundlage der THO-Theorie[29], die wir 1955 vorschlugen, wurden Untersuchungen über Sternkörper-Phänomene in Zusammenarbeit zwischen japanischen Physikern und Astronomen vorgenommen. Unmittelbar nach der Entdeckung quasistellarer Objekte schlugen wir auch die Theorie der Explosion des Galaxis-Zentrums vor. Alle diese Entwicklungen sind dargestellt in Prog. Theor. Phys. Suppl. No. **31** (1964).

Ich möchte nunmehr in einer knappen Darstellung die wissenschaftlichen Leistungen von S. SAKATA würdigen.

1. Im Jahre 1956 schlug SAKATA das Bausteinmodell der Elementarteilchen vor. Später gab es verschiedene Vorschläge ähnlicher Art, aber sie alle, einschließlich der „Quarks" von Professor GELL-MANN, waren Modifikationen oder spezielle Beispiele für das allgemeine Schema

der Theorie von SAKATA. Es sei auf einen wesentlichen Unterschied zwischen der SAKATA-Theorie und der Theorie von FERMI und YANG verwiesen. Das Hauptanliegen der Theorie von FERMI und YANG war die Berechnung des gebundenen Zustandes eines Nukleonenpaares, der einem π-Meson entsprechen könnte. Die SAKATA-Theorie wurde dagegen vorgeschlagen, um die innere Struktur der Elementarteilchen auf der Grundlage ihrer Zusammensetzung aus fundamentalen Teilchen zu enthüllen. Aus diesem Grunde konnte die Theorie auch den Strangeness-Charakter der Hadronen erfassen und die modernen gruppentheoretischen Untersuchungen einleiten.

2. Die gruppentheoretischen Methoden zur Klassifizierung der Elementarteilchen wurden erstmals im Jahre 1959 von IKEDA, OGAWA und OHNUKI unter der Leitung von SAKATA angewandt. Das gelang besonders für die Mesonen-Familie sehr erfolgreich, wie es die Voraussage des η-Mesons zeigt. GELL-MANNS Oktett-Modell ist eine Modifizierung, um den gleichen Erfolg für die Baryon-Familie zu erhalten. Die Massenformel der Hadronen wurde erstmals 1956 von MATUMOTO, einem Forschungsstudenten von SAKATA, vorgeschlagen.

3. Es ist bekannt, daß die Strangeness-Regel für K-Mesonen und Hyperonen unabhängig voneinander durch NAKANO und NISHIJIMA in Japan und durch GELL-MANN in den USA fast zur gleichen Zeit entdeckt wurde. Es gab zwei wesentliche Punkte, um zu dieser Regel zu gelangen. Der eine war die Theorie der assoziierten Erzeugung von K- und Y-Teilchen, die 1951 von NAMBU, YAMAGUCHI, NISHIJIMA und ONEDA publiziert und später von PAIS in einer mehr mathematischen Form entwickelt wurde. Der andere war der Hinweis auf die Möglichkeit, einem neutralen Meson ein komplexes Feld und halbzahligen Isospin zuzuordnen. Diesen Hinweis gab SAKATA im Jahre 1953.

4. Es sei daran erinnert, daß SAKATA mit seinen Schülern

INOUE und TANIKAWA im Jahre 1942 die Zwei-Mesonen- und die Zwei-Neutrino-Theorie vorschlug. Unglückliche Umstände in der Zeit des zweiten Weltkrieges verhinderten, daß sein Beitrag in der ganzen Welt bekannt wurde. Die Publikation in englischer Sprache erfolgte erst 1946. Seine Zwei-Mesonen-Theorie wurde später in einigen Publikationen referiert, aber die Zwei-Neutrino-Hypothese blieb bis in die Gegenwart hinein völlig unbeachtet.

5. Ein bekanntes Dreiecksschema für die schwache Wechselwirkung stammt zum großen Teil von SAKATA. In der ursprünglichen YUKAWA-Theorie wurde der Zerfall eines Mesons als direkte Wechselwirkung zwischen Mesonen und Leptonen angesehen. Bereits im Jahre 1940 schlug SAKATA einen Mesonenzerfall infolge der FERMI-Wechselwirkung des β-Zerfalls vor. Nach der Aufstellung der Zwei-Mesonen- und der Zwei-Neutrino-Theorie lag im Jahre 1942 sein Wechselwirkungsschema in einer Form vor (siehe untenstehende Skizze), die im wesentlichen unseren heutigen Kenntnissen entspricht.

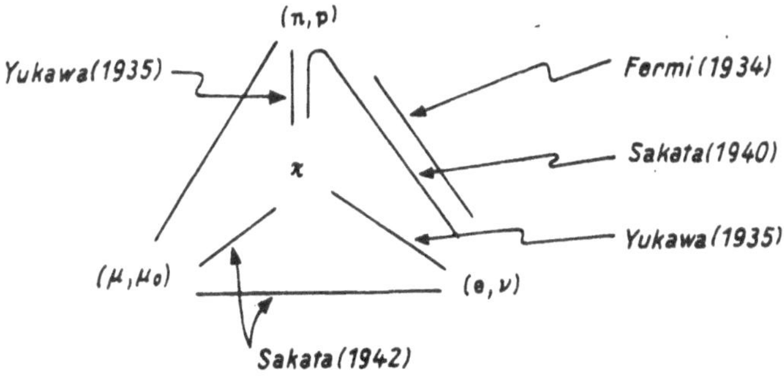

6. Bei der Aufstellung der Mesonentheorie arbeitete SAKATA von Anfang an mit YUKAWA zusammen. Insbesondere waren es SAKATA und YUKAWA, die ein neutrales Meson einführten. Im Jahre 1940 schlug SAKATA zusammen mit TANIKAWA den bekannten Zerfall eines neutralen Mesons in zwei Gammaquanten vor. Es erübrigt sich zu betonen, welche Bedeutung dieses

Zerfallsschema nicht nur für Mesonenmodelle, sondern auch für die experimentelle Instrumentierung in der Hochenergiephysik und der Physik der kosmischen Strahlung besitzt.

Nunmehr möchte ich mich den gegenwärtigen Problemen der Elementarteilchentheorie zuwenden. Heutzutage sind viele Theorien weltweit im Umlauf, die auf dem Quark-Modell beruhen. Überall herrscht die Tendenz vor, in bedenkenlosem Vertrauen auf das Quark-Modell alle Überlegungen auszuschließen, die nicht in dieser Richtung gehen. Es liegen zwar viele Rechnungen mit theoretischem Anstrich vor, doch sind sie bei sorgfältiger Prüfung alle unvollständig und theoretisch nicht konsistent. Es gibt fast niemanden, der die verschiedenen unkritischen Annahmen anzweifelt, die in diese Rechnungen stillschweigend eingebracht werden. Andererseits unternimmt man nicht die geringste Anstrengung, sich nach anderen Überlegungen umzusehen, und folgt ausschließlich der gängigen Idee. Das Quark-Modell ist eine Variante der SAKATAschen Theorie fundamentaler Teilchen. Sie wird durch die gebrochenen Ladungen der Quarks charakterisiert, die bisher noch nicht entdeckt wurden.

Meiner Meinung nach befindet sich die Elementarteilchentheorie gegenwärtig im Stadium der Suche nach verschiedenen Möglichkeiten, weil das substantielle Ordnen noch nicht vollständig durchgeführt ist.

Gegenwärtig lassen sich unsere Probleme grob in zwei Kategorien einteilen. Die Probleme der einen Kategorie beziehen sich auf die Struktur der Elementarteilchen, die der anderen auf den sogenannten neuen Zustand der Materie, der durch die in der kosmischen Strahlung entdeckten Feuerbälle wie H-, SH-, und UH-Quanten repräsentiert wird. Über diese beiden Problemkreise schrieb ich im Jahre 1972 eine Abhandlung mit dem Titel „Tor zur neuen Physik". (Vgl. hierzu Prog. Theor. Phys. Suppl. No. 54 (1973).)

Bei den Problemen der ersten Kategorie muß man,

wie bereits erwähnt, die Modelle vom SAKATA-Modell bis zum einheitlichen Neutrino-Modell betrachten. Nach dem Nagoya-Modell entstehen Baryonen, indem man die Leptonen mit B-Materie versieht, das heißt, $\langle \nu, B^+ \rangle \to$ Proton, $\langle e^-, B^+ \rangle \to$ Neutron und $\langle \mu^-, B^+ \rangle \to \Lambda$. Es gibt zwei Arten von Neutrinos, ν_e und ν_μ.[30] Während $\langle \nu_e, B^+ \rangle$ dem Proton zugeordnet wurde, sah man $\langle \nu_\mu, B^+ \rangle$ als ein unbekanntes Baryon an. So wurde ein neues Teilchen vorausgesagt. Es handelt sich um das später von NIU entdeckte X-Teilchen. Es entspricht einem Freiheitsgrad, der heute Charm genannt wird. Dieser Freiheitsgrad wurde nach dem auf SAKATA zurückgehenden Nagoya-Modell erwartet.

Das einheitliche Neutrino-Modell wurde in einem von YASUHIKO KATAYAMA und mir geschriebenen Artikel vorgeschlagen. Es nimmt an, daß das Elektron und das Myon entstehen, wenn die Neutrinos mit ε-Ladung versehen werden. Die Hinzufügung von B^+ liefert weiterhin verschiedene Baryonen. Später, im Jahre 1965, konnten wir ein befriedigendes Resultat durch die Überlegung erhalten, daß sich Baryonen aus drei Leptonen l_1, l_2 und l_3 durch Aufnahme von B-Ladung bilden, $\langle l_1, l_2, l_3, B^+ \rangle$. Der Mechanismus für die Aufnahme von B-Materie oder ε-Ladung durch Leptonen bzw. Neutrinos ist im Nagoya-Modell und im einheitlichen Neutrino-Modell offensichtlich verschieden, was durch eine zukünftige Theorie zu klären ist. Mit dieser Trennung waren wir in der Lage, die gegenwärtige Situation zu klären.

In der ursprünglichen Form des SAKATA-Modells waren die Mesonen aus Baryonen und Anti-Baryonen zusammengesetzt. Wir bezeichneten diese Möglichkeit als das Molekül-Modell. Wir betrachten auch das Modell, in dem ein fundamentales Teilchen und ein Anti-Teilchen sich zu Mesonen vereinigen. Diese Möglichkeit nannten wir Atom-Modell. Heute betrachtet man im Quark-Modell nur die Bindung von Quark und Anti-Quark. Die kürzlich entdeckten Di-Protonen scheinen aber vielmehr auf das Molekül-Modell hinzuweisen.

Im Zusammenhang mit dem kürzlich entdeckten Lepton τ können wir mit dem einheitlichen Neutrino-Modell die Baryonen voraussagen, die entstehen, wenn wir die drei Leptonen einschließlich τ mit B-Materie versehen. Außerdem können wir ein neues, mit τ zusammenhängendes Neutrino betrachten. Als Alternative können wir auch annehmen, daß der Unterschied bei der Hinzufügung von B-Materie zu ν_e und ν_μ das Lepton τ hervorbringt.

Die Feuerbälle H-, SH- und UH-Quant, die zu den Problemen der zweiten Kategorie gehören, wiesen uns auf die Notwendigkeit einer neuen Physik hin. Da H-Quanten in Beschleunigerexperimenten beobachtet wurden, verwenden diejenigen Physiker, die Beschleunigerexperimente bevorzugen, das Reklamewort „Cluster" und negieren die Priorität von „H-Quant". Für das H-Quant wurden verschiedene Theorien vorgeschlagen, aber keine gestattet, seine Masse abzuleiten. Vielmehr ist es notwendig, eine neue Physik in Betracht zu ziehen, die auf der Existenz von H-, SH- und UH-Quanten beruht. In diesem Zusammenhang verweise ich den Leser auf Prog. Theor. Phys. Suppl. No. **54** (1973) und auf eine neue Nummer dieser Zeitschrift, die wir vorbereiten.

Februar 1979 Mituo Taketani

Anmerkungen

Alle Anmerkungen, die keinen Klammervermerk am Schluß haben, wurden von den Autoren der englischsprachigen Veröffentlichung beigefügt.

Mit (M. N.) gezeichnete Anmerkungen hat M. NAGASAKI, Rikkyo Universität Tokio, auf Bitte der Herausgeber erläuternd zur deutschsprachigen Veröffentlichung geschrieben.

Mit (Hrsg.) sind kommentierende Anmerkungen der Herausgeber der deutschsprachigen Ausgabe gekennzeichnet.

1 Anmerkung zur deutschsprachigen Ausgabe: Der hier erwähnte Zwischenfall ist identisch mit dem auf S. 35 beschriebenen „Zwischenfall an der Kyoto-Universität". Im Jahre 1933 verwies die Regierung Professor YUKITAKA TAKIKAWA von der Kyoto-Universität, ohne deren Autonomie zu beachten, weil sie seine liberalen Ideen über das Strafrecht als sozialistisch ansah. (M. N.)

2 In ihren Abhandlungen beziehen sich SAKATA und TAKETANI verschiedentlich auf die antike griechische Philosophie. Eine neuere knappe Darstellung der Philosophie der griechischen Atomisten, in der auch auf das Verhältnis von demokritischen und epikureischen Anschauungen eingegangen wird, ist zu finden in: Griechische Atomisten, Texte und Kommentare zum materialistischen Denken der Antike, herausgegeben von F. JÜRSS, R. MÜLLER und E. G. SCHMIDT, Reclam, Leipzig 1977. (Hrsg.)

3 Anmerkung zur deutschsprachigen Ausgabe: TANABE, HAJIME, (1885–1962) war Professor an der Kyoto-Universität in den Jahren 1927–1945. Als Philosoph, Vertreter des Neokantianismus, untersuchte er besonders methodologische Grundlagen von Naturwissenschaft und Mathematik. Gegen den Materialismus gerichtet, führte er die „absolute Dialektik" als einen dritten Standpunkt ein, der Idealismus und Materialismus ersetzt. Auf dieser Linie publizierte er 1934: Die Logik der Arten (The logic of species). Insofern die „Art" als eine

Vereinigung von Universalität (= die Welt) und Individualität (= die Nationen) dargestellt wurde, gab dieses Buch eine Rechtfertigung für den japanischen Imperialismus. Nach dem zweiten Weltkrieg entwickelte er eine rechtsgerichtete sozialdemokratische Politik, unterstützte das Kaisersystem und verkündete Freundschaft und Erneuerung als Gegensatz zur Revolution. (M. N.)

4 Anmerkung zur deutschsprachigen Ausgabe: Nakai, Masakazu, (1900—1952) war Kunstwissenschaftler und Philosoph, Lektor an der Kyoto-Universität um 1936, Herausgeber von Bi-Hihyo (Schönheit und Kritik) und später von Sekai-Bunka (Weltkultur), wodurch er an der kulturellen Bewegung der Volksfront teilnahm. Im Jahre 1937 wurde er durch die Spezialpolizei festgenommen und mehrere Jahre in Haft gehalten. Nach dem zweiten Weltkrieg war er ab 1948 stellvertretender Direktor der größten japanischen Bibliothek (National Diet Library). Er schrieb viele Artikel und Bücher über Ästhetik und Philosophie. (M. N.)

5 Dieser Beitrag zum Märzheft 1936 der Zeitschrift Sekai-Bunka (Weltkultur) erschien unter dem Pseudonym Kazuo Tani. Das Pseudonym mußte benutzt werden, um der Verfolgung durch die Polizei des japanischen Militarismus zu entgehen. Aus politischen Gründen mußte sich der Autor in jener Unterdrückungsperiode auch bei der Art und Weise der Behandlung des Themas Zurückhaltung auferlegen. Trotz solcher Vorsicht wurde er wegen dieses Beitrages und wegen des Artikels: Ein neues Stadium in der Entwicklung der modernen Physik (vgl. Prog. Theor. Phys. Suppl. No. 50 (1971) 37) am 13. September 1938 von der Polizei des japanischen Militarismus erstmals festgenommen und bis zum 22. April 1939 in Haft gehalten.

6 Ergänzende Anmerkung des Autors (1946): In der Zeit, als dieser Artikel geschrieben wurde, sagte Schrödinger etwas Ähnliches. Er benutzte das Wort Modell in fast dem gleichen Sinne, aber seine Theorie führte zu einer Spielart des üblichen Empirizismus, weil er die Dialektik nicht verstand (E. Schrödinger, Naturwissenschaften 48 (1935) 807, 823 und 844).

7 Die folgenden Ausführungen von M. Taketani zur „Dialektik in den Grundlagen der Mathematik“ widerspiegeln in gewissem Grade den Entwicklungsstand der marxistisch-leninistischen Philosophie zu diesen Fragen in den dreißiger

Jahren. Modernere Darstellungen findet der Leser z. B. bei G. I. Ruzavin, Die Natur der mathematischen Erkenntnis, Akademie-Verlag, Berlin 1977; W. N. Molodschi, Studien zu philosophischen Problemen der Mathematik, Deutscher Verlag der Wissenschaften, Berlin 1977; W. Heitsch, Mathematik und Weltanschauung, Akademie-Verlag, Berlin 1978. (Hrsg.)

8 Ergänzende Anmerkung des Autors (1946): Ich meinte im Prinzip die Diskussion in der Zeitschrift Yuibutsuron Kenkyu (Studien zum Materialismus).
Ergänzung zur deutschsprachigen Ausgabe: Die Zeitschrift Yuibutsuron Kenkyu erschien in Japanisch und war das Organ von Yuibutsuron Kenkyu Kai (Gruppe für materialistische Studien), einer legalen Organisation, die im Jahre 1932 unter der Führung von Jun Tosaka, einem Philosophen, gegründet wurde, um die Basis für die Entwicklung einer enzyklopädischen wissenschaftlichen Bewegung zu bilden. Sie wurde 1938 auf Grund der Inhaftierung der führenden Mitglieder durch die Spezialpolizei zerschlagen. (M. N.)

9 Der Artikel erschien in der Zeitschrift Yuibutsuron Kenkyu (Studien zum Materialismus) im März 1935. Yuichi Seta ist das Pseudonym von Hiroo Mita, das er annehmen mußte, um Verfolgungen durch die Polizei des japanischen Militarismus zu vermeiden. In diesem Artikel über die Geschichte der Mathematik zeigt Mita in glänzender Weise, daß das oben erwähnte Engelssche Beispiel für die Negation sehr treffend ist, indem er den historischen Ursprung der negativen Zahlen analysiert.

10 Ergänzende Anmerkung des Autors (1946): Der Beweis stammt von J. von Neumann (J. von Neumann, Mathematische Grundlagen der Quantentechnik, Springer, Berlin 1932). Neumanns Buch hat bewiesen, daß die Quantenmechanik keinen inneren Widerspruch enthält. Bei der vorliegenden Analyse verdanke ich von Neumanns Buch sehr viel. Meines Erachtens schließt jedoch von Neumanns Theorie keinerlei konkrete Beobachtungen ein. Schrödingers Artikel, die ich in Anmerkung 6 erwähnte, betreffen auch diesen Punkt. Der Standpunkt Bohrs in seiner Diskussion mit Einstein geht über das hinaus, was bis dahin dazu gesagt worden ist. Die Meinungen in Paulis Buch können in diesem Zusammenhang auch nicht befriedigen.

Meine Meinung zu diesem Problem äußerte ich im Oktober 1942 im Gakujutsu Kenkyu Kaigi (Nationaler Forschungsrat). Im Gegensatz zu VON NEUMANN brachte ich zum Ausdruck, daß bei einer wirklichen Beobachtung der Schnitt zwischen Beobachter und Objekt objektiv determiniert ist und dort liegt, wo die mikroskopische in eine makroskopische Erscheinung umgewandelt wird, also im Meßinstrument, unabhängig vom menschlichen Subjekt. Andernfalls würden wir zu den von SCHRÖDINGER erwähnten Schwierigkeiten kommen. (Vgl. S. 83; M. TAKETANI, Bemerkungen zu VON NEUMANNS Theorie des Meßprozesses.)

11 Ergänzende Anmerkung des Autors (1946): Durch die Entwicklung der Mesonentheorie wird immer klarer, daß diese Fragen die großen zentralen Probleme sind, die die zukünftige neue Theorie lösen muß.

12 Ergänzende Anmerkung des Autors (1946): Man muß nicht auf solche formalen und undialektischen Bemerkungen eingehen, daß es die Inquisition auch in Schottland gab. Wichtig ist hier der Niedergang der Renaissance in Italien, die Erschöpfung und Verarmung Deutschlands infolge des Dreißigjährigen Krieges und das Aufblühen des Kapitalismus in England. Wichtig ist auch, daß die Inquisition, die GALILEI folterte, eng mit dem Niedergang der Renaissance in Italien zusammenhing.

13 Ergänzende Anmerkung des Autors (1946): Die hier gegebene Darstellung ist vielleicht etwas zu formal. Die Rolle, die die Schule von Milet in der Geschichte der Wissenschaft des frühen griechischen Zeitalters spielte, kann kaum hoch genug gewürdigt werden. Die Philosophen bedenken zwar die Schule des PYTHAGORAS mit besonderer Wertschätzung, aber das beruht auf einem ungenügenden Verständnis der Methodik der Wissenschaft. Vom Standpunkt einer vernünftigen Wissenschaftsmethodik sind die Errungenschaften der Schule von Milet ziemlich bedeutend. Weiterhin kann man sagen, daß die Vertreter der Schule von Milet auch hervorragende Techniker waren. Im Sinne der Produktionstechnik wird im Römischen Zeitalter die Technik weniger geachtet. Obwohl HERONS Buch von vielen erwähnt wird, verdient es meines Erachtens in mancher Beziehung doch nicht so viel Bewunderung. Größte Wertschätzung erfährt ARCHIMEDES.

Zu den obengenannten Problemen verweise ich den Leser insbesondere auf DIELS, Antike Technik, B. G. Teubner, Leipzig 1924. Dieses ausgezeichnete Buch kann in vieler Hinsicht empfohlen werden.

14 Ergänzende Anmerkung des Autors (1946): B. HESSEN behauptet in seiner Arbeit: Die sozialen und ökonomischen Wurzeln von NEWTONS Principia, in: Wissenschaft am Scheideweg (Hrsg.: BUCHARIN, London 1931, engl.), daß die „Principia" vor allem auf Grund technischer Erfordernisse geschaffen wurden. Im Gegensatz dazu leugnet F. BORKENAU in: Der Übergang vom feudalen zum bürgerlichen Weltbild (Felix Alcan Verlag, Paris 1934) die technischen Erfordernisse und konstatiert, daß die „Principia" unter dem Einfluß des mechanistischen Weltbildes des Manufakturzeitalters entstanden sind. Die Anregung, den Widerspruch zwischen diesen beiden Autoren zu untersuchen, gab im Jahre 1937 der Physikstudent der Universität Osaka, H. UCHIJAMA. Seine Notiz wurde verschiedentlich aufgegriffen. Was ich hier schreibe, ist sowohl eine Kritik an HESSEN wie auch an BORKENAU und entspricht der Methode der Wissenschaftsgeschichte.

15 Ergänzende Anmerkung des Autors (1946): Dieser Aspekt der Methode der Wissenschaftsgeschichte wird insbesondere von den sogenannten Progressiven nicht beachtet. Naturwissenschaft ist vor allem Wissen über die äußere Natur. Wir müssen zugestehen, daß die Geschichte dieses Wissens durch die Struktur der Natur selbst bestimmt wird, jedenfalls wenn wir die Existenz der äußeren Natur nicht leugnen. Es reicht nicht aus, soziale Einflüsse aufzuführen. Die Geschichte der Wissenschaft ist andererseits nicht nur die Geschichte akademischer Äußerungen aus vergangenen Zeiten. Aus diesem Grund habe ich von den drei oben erwähnten Faktoren der Wissenschaftsgeschichte insbesondere die Logik der Struktur der Natur selber behandelt. Dabei habe ich versucht, Methoden der Analyse aufzustellen. Vor allem muß man jede Errungenschaft in der Geschichte der Wissenschaft richtig bewerten, und das geht nicht ohne eine richtige Methodologie.

16 P. W. BRIDGMAN, Physiker (The Logic of Modern Physics, 1927), wird als Begründer des Operationalismus angesehen. BRIDGMANS Grundgedanke ist zunächst rein methodologi-

scher Natur und besagt: Physikalische Begriffsbildung erfolgt über die Festlegung bestimmter Operationen. Ein Begriff ist gleichbedeutend mit einer entsprechenden Menge von Operationen. Mit dieser Auffassung ist aber auch die Möglichkeit gegeben, die Objektivität des Begriffsinhalts zu leugnen, wodurch der Operationalismus zu einer spezifisch spätbürgerlichen subjektiv-idealistischen Doktrin wurde. (Hrsg.)

[17] Ergänzende Anmerkung des Autors (1946): Es ist jedoch recht bedeutsam, daß im Gegensatz zum Bild des Universums bei den Ägyptern und Babyloniern die Schule von Milet im frühen Griechenland als erste mit ihren Gedanken in den Kosmos vordrang. Ihre Ansichten über das Planetensystem waren sehr substantiell. In diesem Sinne können wir den Abschnitt von der Schule von Milet bis KEPLER als substantielles Stadium auffassen.

[18] Ergänzende Anmerkung des Autors (1946): Obwohl die Rolle, die TYCHO BRAHES Werk spielte, vollständig dem phänomenologischen Stadium zuzurechnen ist, hatte TYCHO BRAHE natürlich auch eine substantielle Vorstellung vom Planetensystem. In diesem Sinne war sein Werk substantialistisch. Bezüglich der Epochen der Wissenschaftsgeschichte ist es angemessen, die Astronomie in Ägypten, Babylon und anderen orientalischen Staaten als phänomenologisch und die der Schule von Milet bis hin zu KEPLER als substantialistisch zu bezeichnen, wobei jede von ihnen ihre eigene charakteristische Logik hat.

[19] Ergänzende Anmerkung zur deutschsprachigen Ausgabe: Der Gakujutsu Kenkyu Kaigi (Nationale Forschungsrat), auf dessen Symposium im Oktober 1942 der Vortrag gehalten worden ist, wurde im Jahre 1919 durch die Regierung gegründet und unmittelbar nach dem zweiten Weltkrieg als Wissenschaftlicher Rat Japans reorganisiert. (M. N.)

[20] Philosophische Fragen der speziellen Relativitätstheorie in den sowjetischen Diskussionen der zwanziger und dreißiger Jahre behandelt K. CH. DELOKAROV, Relativitätstheorie und Materialismus, Wissenschaftliche Taschenbücher, Bd. 189, Akademie-Verlag, Berlin 1977. (Hrsg.)

[21] Anmerkung zur deutschsprachigen Ausgabe: Shintō war ursprünglich die japanische Landesreligion, die vor allem die Anbetung der Natur, der Ahnen und der alten Helden sowie die Göttlichkeit der verstorbenen Kaiser betont. Im 12.

Jahrhundert mit den Lehren des Buddhismus und im 18. Jahrhundert mit dem Konfuzianismus kombiniert, gibt sie eine mystische Erklärung des Kaisertums. In Kriegszeiten wurde sie durch die politischen Kräfte des japanischen Militarismus in breiter Form propagiert.
Kōdō ist eine extrem rechte Form des Shintō, die während des Krieges vorherrschte. In ihr wird selbst der lebende Kaiser als Gott angesehen. (M. N.)

22 Drude, Paul, (1836-1906) war Physiker, Professor an den Universitäten in Leipzig, Gießen und Berlin. Er veröffentlichte grundlegende Arbeiten zur Elektronentheorie der Transporteigenschaften von Metallen (Annalen der Physik **1** (1900) 566 und **3** (1900) 369). (Hrsg.)

23 Eine neuere Darstellung der Hypothesen über den Urzustand der Metagalaxis, der primordalen Elemententstehung und der Galaxienbildung, die sich auf die Entdeckung von Pulsaren, Quasaren, 3-K-Hintergrundstrahlung sowie Röntgen- und Gammastrahlungsquellen stützen, findet man bei G. Dautcourt, Relativistische Astrophysik, Wissenschaftliche Taschenbücher, Bd. 86, Akademie Verlag, Berlin 1972. Die kernphysikalischen Aspekte der Nukleogenese sind erläutert in: A. Bohr, B. R. Mottelson, Struktur der Atomkerne, Bd. I, Einteilchenbewegung, Akademie Verlag, Berlin 1975. (Hrsg.)

24 Y. Hayakawa äußert oft die „parteiliche“ Behauptung, daß der Materialismus durch die Quantenmechanik gestützt werde. Jedoch verkehrt ein solches zugespitztes, ohne jede Analyse des Beobachtungsprozesses vorgebrachtes Argument die Absicht in ihr Gegenteil und ruft bei den orthodoxen Physikern nur Antipathie gegen den Materialismus hervor. Die Fehler, die der idealistischen Interpretation der Quantenmechanik zugrunde liegen, sollten durch ein detailliertes Studium der Quantenmechanik selbst aufgedeckt werden (vgl. Y. Hayakawa, Elementare Quantenmechanik, u. a.).

25 V-Teilchen ist die frühere Bezeichnung für Hyperonen, eine Gruppe von Elementarteilchen aus der Familie der Baryonen mit Strangeness $S \neq 0$. Die bekanntesten Hyperonen sind das Lambda-Hyperon (Λ^0), die Sigma-Hyperonen (Σ^+, Σ^0, Σ^-) und die Xi-Hyperonen (Ξ^-, Ξ^0). (Hrsg.)

26 Der Cabbibo-Winkel ist ein Parameter in der Theorie der

schwachen Wechselwirkung. Er bestimmt in der Strom-Strom-Wechselwirkung das Verhältnis der Komponenten des Hadronenstroms ohne und mit Verletzung der Hyperladung. (Hrsg.)

27 Nach dem zweiten Weltkrieg schlug TAKETANI vor, die Untersuchung extrem hochenergetischer Prozesse durch Experimente mit kosmischer Primärstrahlung voranzutreiben. In diesem Weg sah er eine Alternative zum sukzessiven Bau von Beschleunigern für immer höhere Teilchenenergien: „Damit die japanischen Physiker Beiträge liefern, die mit den Leistungen großer Länder vergleichbar sind, sollten wir nicht dem Weg dieser Länder folgen, weil wir damit unweigerlich immer hinter ihnen zurückbleiben würden. Wir müssen unseren eigenen Weg finden. Ich glaube, daß wir gute Erfolgschancen haben, weil sich die großen Länder gegenwärtig ausschließlich mit großen Beschleunigern befassen, die ihre verfügbaren Mittel größtenteils voll beanspruchen. Unsere Situation in der Physik ist analog zur Lage der Nationalen Befreiungsfront in Vietnam, die sofort vernichtet wäre, wenn sie eine ähnliche Strategie und Taktik wie die Streitkräfte der USA anwenden würde. Nur mit einer völlig eigenen Strategie ist sie in der Lage, die mit gigantischen Waffen gut ausgerüsteten Streitkräfte der USA zu schlagen" (M. TAKETANI, Tor zur neuen Physik, in Prog. Theor. Phys. Suppl. No. **54** (1973) 6). Auf dieser Linie der Forschungsstrategie begannen im Jahre 1956 in Japan Ballonexperimente mit kosmischer Strahlung, die später ab 1958 besonders in einer erfolgreichen japanisch-brasilianischen Kooperation mit Messungen auf hohen Berggipfeln fortgeführt wurden. Mit Hilfe von Emulsionskammern wurden insbesondere die Multiplizität und Impulsverteilung der Pionen sowie die Winkel- und Energieverteilung der γ-Quanten gemessen, die ein Teilchen der kosmischen Primärstrahlung in einem Kernprozeß erzeugt. Bei der Analyse solcher hochenergetischer Kernprozesse wurden die H-, SH- und UH-Quanten als elementare Größen im substantiellen Sinne eingeführt, die einen besonderen, eng mit der inneren Struktur der Hadronen verknüpften Zustand der Materie charakterisieren. Die Ruhenergie dieser Quanten beträgt größenordnungsmäßig 2 bis 3 GeV, 20 bis 30 GeV bzw. 200 bis 300 GeV. Ihr „Teilchen"charakter als Feuerball konstanter Masse äußert sich auch in der Art ihres Zerfalls. Bei Ereignissen, in denen SH- oder UH-Quanten gebildet werden, be-

obachtet man zunächst einen Übergang in einige H-Quanten, die dann in π-Mesonen zerfallen. (Hrsg.)

28 Das erste Centauro-Ereignis wurde in einer japanisch-brasilianischen Gemeinschaftsarbeit im Jahre 1973 bei der Untersuchung der kosmischen Strahlung mit Hilfe von Emulsionskammern gefunden. Bei Centauro I zerfällt ein spezielles UH-Quant mit einer Ruhenergie von 130 bis 160 GeV in 30 bis 40 Nukleonenpaare, wobei keine begleitenden neutralen π-Mesonen auftreten. Die exponentielle Energieverteilung der Nukleonen entspricht einer thermodynamischen Vielfachemission aus einer bewegten Quelle mit einer Gesamtenergie von etwa 1500 TeV (1 TeV $= 10^{12}$ eV). Das UH-Quant wird in einer Reaktion gebildet, die in der Atmosphäre etwa 50 m über der Kammer abläuft. In der Zwischenzeit wurde über einige weitere Centauro-Ereignisse berichtet, bei denen man noch höhere Ruh- und Gesamtenergien (bis etwa 270 GeV bzw. 1600 TeV) und Nukleonenmultiplizitäten (etwa 60 Nukleonenpaare) beobachtete. (Hrsg.)

29 Die THO-Theorie ist eine Hypothese der Sternentwicklung, die das vorwiegende Auftreten von Sternen der Population II (Elementhäufigkeit mit geringem relativen Metallgehalt) in den Außenbezirken der Milchstraße und von Sternen der Population I (hohe relative Metallhäufigkeit) in der Nähe des galaktischen Zentrums erklärt. (Vgl. hierzu Prog. Theor. Phys. Suppl. Nr. **50** (1971) 220.) (Hrsg.)

30 Es gibt das mit dem Elektron verknüpfte Neutrino ν_e, das Pauli beim β-Zerfall von Atomkernen betrachtete, und das Neutrino ν_μ, das Sakata im Zusammenhang mit dem μ-Meson einführte. Katayama schlug vor, die beiden Neutrinos als Paulino bzw. Sakatino zu bezeichnen. (M. Taketani)

Namenverzeichnis

Anhang

Vollständiges Inhaltsverzeichnis des englischsprachigen Originals

Supplement of the Progress of Theoretical Physics
Editor H. Yukawa, Kyoto
No 47—No 50 1971
Published for the Research Institute for Fundamental Physics and The Physical Society of Japan

Supplement No. 50

Philosophical and Methodelogical Problems in Physics

ISSN 0138-127X

Die Autoren

- erläutern den Einfluß der materialistischen Naturdialektik auf die Entwicklung der theoretischen Physik in Japan
- analysieren philosophische Probleme der Quantenmechanik, der Kern- und Elementarteilchenphysik
- wenden sich an Physiker, Philosophen und alle an philosophischen Fragen der Naturwissenschaft Interessierten

WISSENSCHAFTLICHE TASCHENBÜCHER

Zeitfracht Medien GmbH
Ferdinand-Jühlke-Straße 7
99095 Erfurt, Deutschland
produktsicherheit@kolibri360.de